优雅女神成长手册

素颜润语

黄　青◎著
郭秋彤◎插图

化学工业出版社
·北京·

许多爱美的女性朋友有这样的困惑，市面上琳琅满目的护肤、化妆品，哪些才是自己的菜？好产品好在哪里？贵的就一定好吗？

皮肤护理说简单也不简单，说复杂其实并不复杂，关键是掌握要领。

本书共九个部分内容，从皮肤的清洁、保湿、防晒这些基础护理讲起，从头发说到后脚跟，说笑话、说成分、说配方、说用法、说误区，不仅有外在保养，还有内调营养，每个细节都不放过，因为皮肤护理本身就是很细的事情，最后还有个碎碎念作为补充。让每位爱美女性在轻松阅读的同时，欣赏古代趣事其乐融融，确保护肤知识尽在掌握，树立安全意识考虑周详，一定绕开误区避免踩雷，轻松准确找到心仪产品。

图书在版编目（CIP）数据

素颜润语 / 黄青编著 . — 北京：化学工业出版社，2017.10（2023.5 重印）
ISBN 978-7-122-30461-2

Ⅰ．①素… Ⅱ．①黄… Ⅲ．①女性 - 皮肤 - 护理 - 基本知识 Ⅳ．① TS974.11

中国版本图书馆 CIP 数据核字（2017）第 199134 号

责任编辑：李彦玲　　　　　　　　文字编辑：姚　烨
责任校对：宋　玮　　　　　　　　装帧设计：仙境设计

出版发行：化学工业出版社（北京市东城区青年湖南街 13 号　邮政编码 100011）
印　　装：北京新华印刷有限公司
880mm×1230mm　1/32　印张 7$\frac{1}{2}$　字数 140 千字　2023 年 5 月北京第 1 版第 2 次印刷

购书咨询：010-64518888　　　　　　　　售后服务：010-64518899
网　　址：http://www.cip.com.cn
凡购买本书，如有缺损质量问题，本社销售中心负责调换。

定　　价：45.00 元

皮肤医生对你说

我是一名皮肤科医生，已经在这块 1.5m^2 面积（人体的皮肤面积）的领域里奋斗了二十多年，主要研究的是损容性皮肤病，也就是天天和有损面部健康美丽的疾病做斗争。这些疾病在医生看来不是严重的疾病，要不了命，但是对患者心理造成的影响是绝对不可以小看的。

用"知其然"也要"知其所以然"来形容我自己的成长历程，是再合适不过了。有很多女性朋友也有类似的经历，听说哪种产品特别好用，就迫不及待地买回来用，但是好用在哪里，为什么好用并不知道，当然是否适合自己，也只能是用了才知道，完全是被动的行为。后来我学会了看成分表，懂得了成分和肤感是护肤品两个非常重要的不可分割的方面，这就是在不断地学习中完善自己、提高自己。

经过几年的不懈努力，也有着"不务正业"的纠结，我已经在皮肤护理方面有了小小收获，自己感觉能够以皮肤科医生和爱美女人的双重视角来看待护肤美容这件女人的大事。我也愿意把我的小小收获和广大的爱美女性做分享，让更多的爱美女性得到科学的护肤理念，寻找到适合自己的护肤美容产品，而不会在购买护肤品时受导购的诱导白白花掉许多银子。

这本书可以说是我这几年护肤美容的工作总结，不仅有外用护肤品的指导，还有科学内养的知识，美的女人一定是从内到外都是美丽的！

本书在写作过程中得到我先生吴相洪的大力支持，没有他就没有这本书的问世。还要感谢以下这些朋友的帮助：崔晗、赵羚妤、李文龙、高玥璇、张佳、李瑞、方瑾、钱珍珍、陆红梅、姜文琦。

最后祝所有的女人健康、美丽！

黄青

2017 年 8 月

目录

清洁是美丽的开始

古人清洁多烦恼

洗脸洗澡对于现代人来讲是再正常不过的事情，洗面奶、香皂等也是生活必需品，但这些物品的出现是近现代的事情，那么古人是如何做到清洁的呢？其中还有不少笑话呢。

始于春秋的"浆水" 浆水就是淘米水，是见于文献的最古老的美容清洁用品之一。

《左传》中记载："陈氏方睦，使疾，而遗之潘沐，备酒肉焉。"潘就是淘米水，可以洗发用。这段话说的是陈逆被抓起来之后，陈氏族人让他假装生病，这样就可以有借口送洗头用的淘米水和补充体力、加强营养的酒肉，并得以互通消息，最终将他解救出来。

浆水有不同的种类。《礼记·玉藻》中提到"君子"就是有教养、有身份的人应该"日五盥，沐稷而靧粱"，即每天洗五次手，洗发用糜子米汤，洗脸则用小米汤。元代关汉卿《谢天香》第四折有"先使了熬麸浆细香澡豆，暖的那温汩清手面轻揉"句，其中说的"麸浆"，就是熬煮麸皮洗出的浆。用时将温热的麸浆与澡豆的细末混合在面部轻轻打揉。《外台秘要》中的"桃仁洗面方"就是在粳米饭做成的浆水中加入捣碎的桃仁，融成一体，用适量洁面，效果非常好。

盛于南朝的"澡豆" 南朝宋刘义庆《世说新语》："王敦初尚主，如厕……既还，婢擘金澡盘盛水，琉璃碗盛澡豆，因倒著水中而饮之，谓是'干饭'。群婢莫不掩口而笑之。"说的是南朝的驸马王敦，对皇家的生活品质一点也没概念，上完厕所，婢女奉上盛在玻璃碗里的澡豆，却被王敦误认为是"干饭"，将其倒在水里，喝下了肚。无独有偶，段成式在《酉阳杂俎》中记载："陆畅初娶童溪女，每旦，群婢捧匜，以银杏盛澡豆。陆不识，辄沃水服之。其友生问：'君为贵门女婿，几多乐事？'陆云：'贵门礼法甚有苦者，日婢予食辣麨，殆不可过。'"讲富贵人家的女婿陆畅不懂晨起卫生，当婢女送来供盥洗的澡豆时，以为一起床就开早饭，便把澡豆泡在水里吃了，还认为富贵人家的好多规矩都很折磨人，居然天天早上吃"辣面糊"，和朋友吐槽这日子快没法过了！

以上两则笑话说的是古代的一种清洁用品——"澡豆"。澡豆用豆面为主要原料，里面一般加入各种药料，如白鲜皮、白附子、甘松香、木香、土瓜根、杏仁等等，将各种原料晒干、捣细，再与豆面混匀，盥洗时用这种混合的香面擦脸、擦手，不仅去除污垢，而且有美容效果。

还有的澡豆中加入白僵蚕和鹰屎白，白僵蚕是"家蚕患白僵病而死的虫体"，也就是患病而死，并因病变白的家蚕尸体，鹰屎白就是老鹰的粪便中的白色部分，也有用鸽子屎或鸡屎中的白色部分来代替。

澡豆中不仅仅加入药料，奢侈的香料也是必不可少的。唐朝孙思邈《千金方》记载的"澡豆洗手面方"中使用了多达五味天然香料，其中白檀香同时也是起到美白作用的一款经典美容用香。这种使用香料的高端澡豆，是当时士大夫阶层不可或缺的生活用品，正如《千金翼方》中"妇人面药"中记载"面脂手膏，衣香澡豆，仕人贵胜，皆是所要。"意思是说澡豆如同擦脸油、护手霜、薰衣香等美容用品一样，是贵族士大夫阶层的男男女女的生活必需品，也是皇帝御赐大臣及其家属护肤美容用品清单中的必备，《文苑英华》中载有若干唐代官员的谢赐香药表，其中多人提到受赐物品中有澡豆。

物美价廉的"皂荚" 皂荚是皂荚树所结的果荚，这种果荚中"肥厚"、"多脂而黏"的果肉能够去除污垢。于每年秋天进行采摘，在阴凉处晾干。使用时泡在热水中或投入沸水中煮，以浸出有效成分，以此种汤水涂在皮肤上做清洁。皂荚成本低廉，使用方便，因此需求量大，以致成了杂货中的一项。《南齐书·刘休传》记载："休妻王氏亦妒，帝闻之，赐休妾，敕与王氏二十杖，令休于宅后开小店，使王氏亲卖扫帚、皂荚以辱之。"可以看出路边杂货小店里出售的皂荚和扫帚是同类杂货，是价格低廉的生活必需品。宋代陆游《老学庵笔记》中记载"高宗在徽宗服中，用白木御椅子。钱大主入觐，见之，曰：'此檀香椅子耶？'张婕妤掩口笑曰：'禁中用胭脂、皂荚多，相公已有语，更敢用檀香作椅子耶！'"从中可以看出，当时士大夫阶层使用澡豆是非常平常的情况，但是南宋高宗的后妃们居然只使用皂荚，真真是用度上相当节俭了。

武则天的御用产品 益母草是妇科良药，既可以内服，也可外用，外用敷面，有治疗肤色黑、祛除面部斑点和皱纹等功效。唐代医学著作《外合秘要》记载有"则天大圣皇后炼益母草留颜方"，具体的做法是，每年农历五月五日采集根苗俱全的益母草，草上不能带一点土，否则就没有效果。将采来的益母草晒干，粉碎后过细箩，加入适量的面粉和水，调和成鸡蛋大小的团药，晒干，然后用黄泥土制成炉子，放置药丸，点火烧制。最后炼出的上等药丸应该是药色洁白细腻。药丸一般制好取出后要凉透，放入瓷钵中，用玉锤（或鹿角锤）研粉，过细箩，再研，如此反复，粉越细越好，将玉粉或鹿角粉掺入药内，然后将药放入瓷瓶密闭，用的时候再拿出来。

制作这种药丸非常讲究，包括采药的时间、药材的品色、制药过程中的火候等等，如果做不好，药丸变黑变黄，会失去功效。刚开始用这个药洗面和双手，会觉得双手开始变得润滑，脸上也有了光泽，以后逐渐会面生血色，脸色红润，如果长年使用，四五十岁的妇人，看上去也会像十五六岁的女子一样年轻。武则天80岁的时候，还能保持秀美的容貌，跟她经常使用这个美容秘方不无关系。

风靡欧洲的马赛皂 马赛皂是肥皂的一种，始于九世纪，是用百分之百的橄榄油加上碱与海盐做成的。到了1688年，由著名的法国国王路易十四下令，将全欧洲的香皂生产独占权交给马赛，进行最严格的品质管理，并下达了一纸诏书：香皂的油脂在任何情况下都不能使用其他原料，必须是纯橄榄油，其比重占整个香皂的72%。

为了保持肥皂的天然温和，要使用植物油（橄榄油、棕榈油）代替动物脂肪来制作肥皂，普罗旺斯地中海沿岸得天独厚的自然环境，孕育了成片的橄榄林、薰衣草和其他多种独特的植物，这些植物经过精心采摘，通过粉碎器和搅拌机使这些成分更加易于渗透，然后在混合器中让各种成分更加充分地结合，最后手工浇铸、打标、修饰而成。

可以这么说，马赛皂使欧洲在个人卫生意识上发生了"大跃进"，当时的欧洲，无论是伦敦还是巴黎，即使是豪门的女主人，一年也只洗一次澡，对香气的迷恋从宫廷传至民间，著名的马赛皂在很长的一段时间里意味着：纯净、护肤、花香、时髦、全天然。到了十八世纪，马赛已成为地中海地区最大的皂品生产和出口地。

不管是最早的浆水、香喷喷的澡豆，物美价廉的皂荚，还是做工精细的面药，以及千里之外的马赛皂，对比古人的状况，生活在现代社会，我们拥有高级香皂、洗面奶、卸妆油等等，品种多多，选择多多，实在是非常幸福的一件事情。

清洁成分需知晓

用于面部清洁的产品，从功能上讲大致有三类：洁面、卸妆、去角质。这三类产品对面部的作用程度是不一样的。虽然人人都有清洁产品，可是不一定每个人用的产品都是适合自己的，建议根据肤质和成分来选清洁产品。下面来聊聊清洁产品中的主要成分吧。

洁面成分 洁面成分的配方主要由三类成分构成：清洁成分、添加成分和剂型成分。剂型成分有水系和油系两类（凝胶剂包括在水系范围内），添加成分是指在清洁产品中加入保湿、美白、镇静舒缓功效的植物提取物，以及香料和防腐剂，事实上，添加成分在洗脸的过程很少能留在脸上发挥功效。清洁成分在化工行业里叫表面活性剂，正是表面活性剂决定了整支洁面产品的好坏，而不是那些添加成分。表面活性剂的清洁力强弱不等，安全性也不同。因此在选择产品时，要注意看成分表中所列的表面活性剂的名称，从而大致判断产品的优劣。

清洁成分 这类成分的清洁力强弱不等，安全性也不同。

①安全的成分　包括磺基琥珀酸酯类，谷氨酸类，肌氨酸类，两性基二乙酸二钠、两性基乙酸钠、两性基丙酸钠，癸基葡萄糖苷，这类成分的特点是去脂力不是很强，起泡力不等，常常是两种以上的成分搭配使用，以达到预期的清洁力与温和性的完美平衡。

②不够安全的成分　硫酸酯类、磺酸盐类及磺酸酯类、皂基、丙基甜菜碱类和二乙醇胺DEA，这些成分在早期的清洁产品中使用较多，有较强的去脂力，但对皮肤具有比较大的刺激性。常见于适合油性肌肤的清洁产品中，因为过强的去脂力，将皮肤自然生成的皮脂膜过度地去除，长期使用会导致皮肤自身的防御能力降低，引起皮炎、皮肤老化等现象。所以，建议肤质健康且属于油性肤质者使用就好。对于属于过敏性及感性肌肤者，切忌使用这一类产品。

油类　作为常见的卸妆成分，配合乳化剂能够清洁彩妆及油溶性污垢。主要使用矿物油、植物油和合成酯三大类成分。

①矿物油是没有极性的油，因此性质温和，但手感厚重油腻，不易冲洗干净。如果是油性肤质用了，很容易出现毛孔堵塞的问题引起痤疮的发生。也正是因为没有极性，因此溶解彩妆污垢的能力就差。这种原料价格便宜，又比较容易获取，而且护肤品用的矿

物油都是化妆品安全级别的，所以很多护肤品中都会添加。

②植物油种类繁多，常见的有橄榄油、小麦胚芽油、稻胚芽油、母菊花油、荷荷巴油、澳洲坚果油等。天然油脂的缺点是容易酸败氧化变质，产生难闻的"哈喇味"，因此保质期较短。植物油亲肤效果好，对皮肤有益，与矿物油相比，清洁能力强，质地也比较舒适。以卸妆来讲，抗氧化性能好、质地清爽、颜色清淡、价格平实的葵花籽油、夏威夷核果油、开心果油都是不错的选择；而容易酸败的高营养油，如小麦胚芽油、月见草油和葡萄籽油反而不适合，而且有些还是致痘因素，所以建议使用油类卸妆产品后建议用表面活性剂类产品再清洁一遍。

③合成酯类既有溶解彩妆的效果，也有乳化的功能。手感清爽，洗后润滑不油腻，卸妆力与天然油脂不相上下，经常用来做卸妆乳液的主要清洁成分。但许多合成酯有一定的致痘性，使用之后务必彻底清洗干净。

去角质成分 去角质就是去除皮肤粗糙角质以及老化的死细胞的过程。这个过程可以促进皮肤的血液循环，加速新陈代谢，使细胞再生更加顺畅，从而改善肤色及肤质，使皮肤呈现清新秀美、细嫩柔滑、光润洁白的外观。在清洁产品中加入去角质成分，能够在清洁的同时，去掉老废角质，使皮肤光滑润泽。

①果酸（AHA） 第一代果酸以甘醇酸为代表，分子小、渗透性强，通过裂解角质细胞的间质达到加速角质脱落，促进角质更新的效果。

第二代和第三代果酸以葡萄糖酸和乳糖酸为代表，比起甘醇酸，它们相对温和，适合长期使用，具有抗氧化和保湿能力，可促进胶原蛋白合成和细胞间质的生长，适合添加在洁面产品中，清洁皮肤的同时，轻柔去除老废角质，使皮肤焕发自然光彩。需要提醒的是，在使用果酸产品后，日间必须使用 SPF30 的防晒产品。

②水杨酸（BHA） 是常见的角质剥脱剂，通过裂解角质细胞的间质达到加速角质脱落，促进角质更新的效果。水杨酸有良好的脂溶性，容易渗透入毛囊中，且有抗炎的效果，所以更适合油性和容易长粉刺的皮肤的护理。一般水杨酸在浓度 2% 左右、pH4 以下的产品能达到良好的效果。

③磨砂颗粒 通常采用的磨砂洗面奶的磨料是天然果仁，如霍霍巴种子、燕麦颗粒等，特点是质地柔软，是很温和的天然摩擦介质，适合面部使用。也有磨砂洗面奶采用硅珠和纤维素为磨料，其特点是形状为球形，去角质力度温和。

④植物酵素 酵素能使肌肤的角质细胞代谢顺利进行，使老废角质迅速脱落，不致堆积阻塞毛孔，且使用很少的量，就可达到去角质的效果。此外，植物酵素还能够有效抑制痤疮相关病原菌的生长发育，可以治疗或者减缓痤疮的发生，起到预防痘痘的良好效果。植物酵素含有大量的蛋白酶和脂肪酶，能够有效清洗和分解皮脂腺过度分泌的皮脂，分解毛囊部位的角化细胞，使皮脂腺不被阻塞，清除痤疮相关病原菌滋生的环境，可以有效预防痤疮的发生。

根据肤质选产品

不同肤质需要的卸妆程度是不一样的，只有与肌肤最契合的，才是最好的卸妆产品。

敏感性肌肤 肌肤敏感的人，在选择卸妆产品时，应该格外注意，只有那些质地温和的，具有舒缓、安抚肌肤作用，并且质地稳定的卸妆产品才适合。尽量不含香精、色素等敏感成分，清洁品不选固态皂类和洁面粉。建议选用药妆品牌的针对敏感肤质设计的液态卸妆品和液态洁面品。需要注意的是，在换季时，肌肤会更加敏感，建议在使用药妆卸妆品的同时，尽量使用纯净水清洗，因为自来水中会有含氯的消毒剂，即使是微量也可能刺激娇弱的肌肤。还有就是卸妆的时间不宜过长，卸妆产品在脸上停留多一刻，对肌肤的危险就多一分。

缺水性肌肤 缺水性肌肤的皮肤细胞不缺油脂，却严重缺水，特别是在换季的时候，表现得十分明显。比如一到夏天，一些中性和油性的肌肤，就有可能变成缺水性肌肤了。此类肌肤应选用那些亲水性比较好，不含油脂，并且具有保湿功能的乳状卸妆产品，这样才能够避免因肌肤在卸妆过程中流失过多的水分而引起过敏或是脱皮等皮肤问题。

干燥熟龄肌肤 干燥的熟龄肌肤往往缺乏弹性，上妆后还会加快细胞的老化速度。因此在卸妆时，应选用含有维生素成分、植物型油脂的霜类卸妆产品，并配合使用含有胶原蛋白的洗面奶。这样就能在卸妆的同时，在皮肤的表面形成一层滋润型的保护膜，锁住肌肤水分，防止细胞老化。值得注意的是，此类肌肤在卸妆时最好能够用手指往外上方打圈，将皮肤轻轻向上提拉，减轻肌肤的松弛下垂，增加肌肤的弹性。

油性、痘痘肌肤 油性、痘痘肌肤不仅是年轻女孩的心头痛，就是 35 岁以上的熟女由于工作压力大、熬夜、饮食不注意等因素，肌肤出油长痘的现象也非常常见，她们对卸妆产品的要求比较高，因为这类肌肤一旦卸妆不彻底，痘痘就会呈现"燎原之势"。在对这类肌肤进行卸妆时，要使用具有杀菌消炎作用的卸妆产品，将污垢彻底清理干净，卸妆后的清洁用品一定要配合使用具有舒缓保湿功效，并且含油脂较少的洗面奶，并且要配合收缩水收敛因化妆造成的粗大毛孔。需要注意的是，这类肌肤尽量不使用含有酒精成分的卸妆产品和收缩水，否则容易使肌肤产生缺水、脱皮及过敏等症状。建议使用药妆品牌的卸妆水或卸妆凝胶。

熟龄、痘痘肌肤 熟龄肌肤的特点是缺水又缺油，痘痘肌肤的特点是缺水多油，二者合在一起，主要表现就是严重缺水和严重多油，因为缺水的肌肤会反射性地分泌更多油脂。对于这类肌肤，卸妆油和卸妆霜是绝对禁止使用的，卸妆凝胶的效果可能也不甚满意，因为凝胶含水分不够，最适合此类肌肤的卸妆产品就是卸妆水，而且必须是药妆品牌的卸妆水，因为此类肌肤缺水造成的过敏现象非常常见，普通的卸妆水无法满足这样的要求。卸妆后必须配合舒缓保湿功效的擦拭型洗面奶，帮助肌肤缓解干燥敏感的症状。

清洁用水有讲究

清洁肌肤是所有护肤程序的第一步，也是非常关键的一步。洁肤用水的选择起到了很重要的作用，然而这其中也很有讲究。

水质的选择 水有软硬之分，"硬水"就是矿物质含量较多的水，主要含有钙盐等成分，容易和洁面产品的中的成分发生反应，使洁面产品降低效能；而软水的硬度较小，可以更好地带走肌肤表面的脏东西，达到更为理想的清洁效果。我国北方的水质较硬，南方的水质较软。如果觉得水质较硬，可以将自来水煮开放置1小时后再使用；也可以直接使用瓶装的矿泉水或纯净水来清洁面部肌肤。

水温的选择 人的面部温度是32摄氏度，因此洗脸时水温也应是32摄氏度，与面部温度相同。如果使用温度较高的热水，虽然能够强力祛油，但是会损伤对面部有保护作用的皮脂膜，导致皮肤屏障的破坏，皮肤失去保护层，对过敏原的抵抗力降低，就容易发生过敏，出现面部发红、灼热、干燥脱皮等不适症状，是得不偿失的行为；如果使用温度较低的冷水，则易使皮肤表面皱缩，油脂不易洗净，达不到理想的清洁效果。

水流的选择 很多人习惯在水盆中洁面，其实这种做法并不科学。应该选择流动的水来洁面，才能保持肌肤的清洁度。因为只有这样，清洁产品才能更加彻底地随着水流被冲洗干净，不会残留在脸部，从而对脸部肌肤造成伤害。

用水的选择 在使用卸妆油或卸妆液时，第一步一定是使用干燥的双手，在短时间内按摩溶解出深入毛孔细纹中的彩妆，再进行第二步用水冲洗干净，圆满完成卸妆步骤。如果使用湿润的双手进行第一步，那么卸妆产品中的油脂就会提前被乳化成小油滴，这样的油滴卸除彩妆的能力会降低很多。

清洁也要加点料

现在网络上很流行用米醋水、盐水、茶水等加了料的水来洗脸，主要的说法是能起到美白、收缩毛孔、祛痘等功效，那么是不是真的有效果呢？

米醋水 米醋本身是酸性的，可以改变皮肤的酸碱度，可有效软化皮肤角质层，此外还能有效抑制致病细菌繁殖，通畅毛孔。所以在洗脸水里加点醋是不错的保健方法，尤其是有痘痘的女性，醋水能有效抑制痘痘生成。正确的使用方法是：在一盆洗脸水里滴5滴米醋，搅匀后清洗全脸，然后再用清水洗净。长期使用米醋水洗脸，可使皮肤水嫩，拥有弹性和光泽，令肌肤通透润滑。

绿茶水 绿茶放入水中，能释放出茶多酚，后者有很好的抗氧化作用，可以有效防止肌肤老化。绿茶水还有抗辐射的作用，帮助抑制色素沉积。此外，茶水中的鞣酸可以保湿肌肤，尤其适合对抗冬季干燥的空气，让肌肤持久锁水。

淘米水 淘米水中含有一定的蛋白质、维生素和微量元素，尤其是头遍和第二遍的淘米水，用来洗脸有很好的美白嫩肤的功效。但是用淘米水洗脸的次数不要过于频繁，建议隔一两天用一次。此外，用淘米水加少量食盐煮开晾凉后再用，对皮肤有比较温和的清洁作用，而且可以保持皮肤表面正常的酸碱度，抑制病原微生物的生长繁殖，预防皮肤瘙痒。

食盐水 淡淡的食盐水有很好的消炎、杀菌作用。用淡盐水洗脸能舒缓肌肤、祛除油脂，帮助导出黑头，缓解皮肤瘙痒，比较适合油性肌肤。具体做法是：在洗脸水中加两小勺食盐，搅匀即可。坚持用淡盐水洗脸，可使皮肤水嫩、通透。

蜂蜜水 蜂蜜含有大量的能被人体吸收的氨基酸、酶、维生素等成分，不仅能促进皮肤创面的愈合，还能有效对抗衰老，防止皮肤干燥，比较适合偏干的皮肤。具体的使用方法是：在洗脸的水中加入几滴蜂蜜，洗脸时沾湿整个面部，拍打并轻柔摩擦，这样能更好地滋润脸部，增添肌肤光泽。

白糖 白糖中含有丰富的维生素 B_1、B_2、B_6 及维生素 C，可以说是一种天然的美白产品，而且绝对安全，另外，科研人员还从糖中提取了一种叫做"糖蜜"的多糖，实验证明它具有较强的抗氧化功效，对于抗衰老具有明显的作用。糖里面的营养物质对皮肤也有一定好处，而且对伤口愈合有好的功效，长期使用可以去除痘印，美白肌肤，使肌肤变得细嫩光滑。具体的使用方法是：先用洗面奶洗脸，手掌里倒差不多跟两粒花生大小的白糖，滴几滴温热的水，等白糖快化一半的时候，再像洗脸一样洗整张脸，最后用清水洗干净，洗脸以后，会感觉皮肤润滑润滑的，很有弹性。

早晚清洁各不同

现在很多女性朋友很重视晚霜、面膜等产品，不惜花重金购买，而对于清洁，选择的产品却很单一，重视程度也不够。事实上，清洁是基础护肤的第一步，如果不能给肌肤最彻底的清洁，后面一系列的护肤效果都会大打折扣。

关于洗脸，很多人还存在这样一个误区，那就是早晚都使用同一款洁面产品。其实这是很不正确的做法。虽然是针对同一肤质，但在早晚都会因为空间、自身分泌不同等因素造成肌肤的状态不一样，清洁程度有很大的差别。

早晨应该选择保养修护型洁面产品。肌肤在晚间清洁过后，在晚间护肤品的呵护中，在清洁干净的枕巾上美美地过了一个夜晚，会有一层薄薄的自身代谢产物及尚未完全吸收的晚间护肤品，这些物质在皮肤表面的吸附程度并不牢固，并不需要清洁力很强的洁面产品，温和保养型的洗面奶反而是更好的选择，除了完成基本的清洁之外，并不会刺激柔嫩的肌肤，还可以让沉睡一夜的肌肤赶快"苏醒"，焕发活力，更好地吸收后续护肤产品的有效成分。

晚间应该选择清洁力较强的洁面产品。肌肤经过一天的工作，暴露在污浊的空气中，沾满了灰尘、油脂和残留的彩妆，这时最需要彻底清洁皮肤，打开毛孔让肌肤自由呼吸。除了要先用卸妆产品来卸除彩妆外，一款清洁力较强的洁面产品也是必备的。建议选择微酸性的洁面产品，帮助皮肤恢复屏障功能，更好地抵御外界的过敏原，并防止水分流失，保持皮肤健康。

四季产品有区别

很多女性朋友在找到一款适合自己肤质的洁面产品后就会一直使用，从年初用到年末，四季不换产品，其实这是十分错误的。尤其是北方，四季更迭，温度、湿度变化大，对皮肤状态影响也很大，因此清洁产品也需要根据肌肤的变化而及时做出调整。

面部皮肤的油脂分泌会随着温度、湿度的变化而改变，因为皮脂具有类似乳液的功效，能把皮肤角质层的水分锁住，保持皮肤的滋润。如果分泌太少，皮肤就会显得干涩而不水润。

春季干燥、夏季高温，皮肤的汗腺和皮脂腺分泌旺盛，造成皮肤表面微生态变化，污染物附着增加；秋季干燥、冬季低温，皮肤的汗腺和皮脂腺等运转和代谢减慢，提供的水分和油脂明显减少，皮肤容易出现干燥、脱屑、老化加快。很多女性朋友有这样的感觉，每到季节变化的时候，皮肤就特别敏感，状态不好，平时容易过敏的就更加容易过敏，平时爱出油的那时出油会更多。这就是我们所说的水油不平衡的状态。

一般而言，夏季高温潮湿的时候，需要一款清洁力好的洁面产品，洗脸后会感觉神清气爽，非常舒适。秋季、冬季和春季都是干燥的季节，空气的温度和湿度骤然下降，皮脂分泌减少，皮肤的保湿能力也变差，此时如果还沿用夏季那款清爽型洁面产品，就会造成过度清洁，把原本能保护肌肤的那层皮脂膜也洗掉了，皮肤会感觉缺水紧绷，极度不适，因此应该及时更换成温润型的洁面产品。

　　对于洁面产品的效果，自我的感觉是最能说明问题的。洗完脸之后，感觉清爽而不紧绷就是最合适的状态。如果脸部肌肤有紧绷感，说明洁面产品的去油功效太强，滋润不够；如果洗完脸之后还感觉油腻，那就是去油不够，滋润过度。因此，一年四季要根据洗脸后的感觉而适当调整洁面产品的类型。

卸妆不是小事情

对于化彩妆的女性朋友来说，卸妆是一件非常重要的事情，和化妆同等重要。如果卸妆不彻底，或者所选择的卸妆产品清洁力不够，就会给肌肤带来沉重的负担，那么如何从各种产品中正确选择适合自己的卸妆产品呢？

①卸妆油　是目前市面上较为常见的一种卸妆产品，一般采用矿物油、植物油或合成酯作为溶解成分，原理是"以油溶油"，通过用水乳化的方式，与彩妆的油污相融合，卸妆能力非常强。对于那些防水、抗汗、持久、遮盖力好的妆容，如油脂含量较高的粉底和油性的眼影等，卸除效果较佳，能够将残留的彩妆完全清理干净，但对于油性肌肤可能会有较高的致痘性，并在卸妆步骤之后还需要有洁面步骤，才能将面部彩妆污垢清洁干净。

②卸妆霜　质地比较厚，含有大量的油脂，通常用来清理较为完整的妆容。针对不同肌肤，卸妆霜一般分为亲水性和亲油性两种，前者比后者的卸妆能力要弱一些。亲水性的可直接用水冲洗，亲油性的则需用纸巾擦拭。亲油性的卸妆霜更适合对付浓妆。不建议敏感性和痘痘

肌肤使用。

③卸妆乳 卸妆乳的组成成分和卸妆霜相类似，基本属于同类的卸妆产品，但是和卸妆霜相比，前者要清淡、清爽一些，可以用来卸除日常的妆容，基本适合于各种肤质。

④卸妆凝胶 是一种含水量较高的卸妆产品，但是因为卸妆能力较弱，所以一般只用于卸除淡妆。基本上适用于各种肤质。使用时需要注意，先挤适量卸妆凝胶在棉棒上，然后顺着眼睛纹路，轻柔地拭去眼妆；再挤适量卸妆凝胶在化妆棉上，用轻柔地手法擦去脸部残留的妆容。特点是比较方便清洗，并且使用后感觉清爽自然。

⑤卸妆水 卸妆水是通过产品中非水溶性成分与污垢相结合，将妆容彻底清除干净，质地比较清爽。特点是卸妆快速，还有保持肌肤含水量的作用，令肌肤清爽水嫩。适合于敏感性肌肤、油性肌肤以及混合型肌肤使用。

⑥卸妆巾 是由聚酯纤维和聚酰胺纤维按一定比例纺织而成的面料制成毛巾，是擦拭型的卸妆产品，毛巾有不同的两面，短绒卸妆，长绒洁面。不需要配合其他洁面卸妆产品，只用水就可以。优点是方便携带和使用，但是不适合敏感皮肤。正确使用方法：带妆回家之后，可以先用卸妆巾擦拭掉皮肤表面的彩妆和污垢，减轻皮肤的负担，晚上洗澡时再行后续清洁步骤；也可以用来轻松清洁面部的水洗式面膜。建议喜欢用卸妆油的朋友先用卸妆巾把面部的彩妆卸除大半后，再行按摩和深层清洁才可以，要不然底妆和彩妆与卸妆油混在一

起按摩就非常容易堵塞毛孔。

眼部卸妆六步走

爱化妆的女性朋友都知道，眼妆是考验化妆技术成败的关键，靓丽的眼妆对于整体妆容来讲非常关键，能够起到"锦上添花"的作用。但是，眼线液、睫毛膏、眼影等众多化妆品成分聚集在眼部周围，如果卸妆不慎，很容易造成眼部彩妆残留。所以，掌握正确的眼部卸妆方法至关重要。

①将大约一个硬币范围的卸妆液倒在化妆棉上。

②用中指和无名指将化妆棉放在眼部，并沿着眼部的弧度按压大约五秒。

③闭上双眼，用化妆棉沿着眼皮的肌理，从内眼角向外眼角的方向抹去，抹下眼睑时，眼睛要往上望。擦拭时避免过度拉扯眼部肌肤而产生细纹，不可来回涂抹。

④将蘸有卸妆液的化妆棉垫在下眼睑处，用棉棒顺着睫毛生长的方向，把睫毛膏清理干净。

⑤用手指将上眼睑轻轻提起，用棉棒沿着睫毛的根部将眼线清除掉，并用化妆棉擦掉眼部细小的彩妆残留物。

⑥清洁眉毛，用化妆棉的一面沿着眉毛的生长方向，由内至外轻轻擦拭后，再用其反面逆着眉毛的生长方向，由外到里再擦一遍。

唇部卸妆要轻柔

对唇部进行卸妆，最好选用质地柔和的唇部专用卸妆液，以及质地柔软的化妆棉。它们不但不会伤害唇部，还能够增加唇部的韧性，起到舒缓和镇静的作用。建议使用最受化妆师青睐的含有牛奶性质的卸唇液，相对来说性质比较温和，适合于唇部和眼部的卸妆。

①用化妆棉蘸取适量的卸唇液敷在嘴唇上，使卸唇液和唇妆充分地融合，用化妆棉横向擦拭唇部，使唇妆溶解。

②换一块干净的化妆棉蘸取卸唇液后，由嘴角慢慢向内擦拭，在擦拭嘴角时，应向内转动。

③将蘸取化妆水或保湿液的化妆棉敷在唇部约10分钟，作用是保护嘴唇，防止唇纹加深。

全脸卸妆护肌肤

卸妆是清除毛孔污垢、保持肌底清洁的最重要的基础步骤，掌握正确的脸部卸妆手法，正确清洁全脸是保护肌肤的关键一步。

①将面部卸妆产品倒在清洁后的双手上，由上向下、由内向外、按照额头→鼻子→下巴→脸颊→颈部的顺序，用指腹轻轻打圈按摩。

②用化妆棉按照额头→鼻子→下巴→脸颊→颈部的顺序由内侧向外侧小心擦拭。

③用化妆棉（蘸卸妆液）按照额头→鼻子→下巴→脸颊→颈部的顺序由内侧向外侧小心擦拭。

④将洁面产品充分打出泡沫，再清洗脸部残留物，最后用清水彻底洗净。

如果使用卸妆油或卸妆乳，采用步骤①②④；如果使用的是卸妆液，则采用步骤③④。

清洁工具有讲究

洗脸有多个步骤，当然也需要多个工具，千万不要忽略这其中的细节，下面就细说一下洁面工具的选择和注意事项。

毛巾 毛巾用来擦手又擦脸会造成交叉感染，而且毛巾在空气中放置会滋生细菌和其他微生物，刚刚洗干净的脸又会遭到污染，所以建议洗完脸后选择一次性纸巾擦拭。如果一定要用毛巾擦脸时，也不要有摩擦的动作，而是将毛巾轻轻按压在面部，将水分吸干，这样对面部肌肤能够起到保护作用，避免无谓的伤害。

双手 洗脸前先用消毒香皂或是洗手液将双手彻底洗干净，再用纸巾擦干，然后再做脸部的清洁工作。虽然只是小小的一个环节，但也绝不能忽视。还有一点需要注意的就是一定不能用凉手洗脸，因为温度的变化会使面部的毛孔缩小，不利于脏污的带出，所以，特别是冬季气温低的时候，注意先将双手暖和后，再进行洁面，可以起到舒缓肌肤，彻底清洁的作用。同时，双手敏锐的触觉会感知面部皮肤表面的变化，比如光滑程度、痘痘数量、皮肤温度等。

洁面海绵 洁面海绵在很多化妆品店、网店都有出售，在韩国和日本也都很流行，因为洗面奶倒在洁面海绵上泡泡会比较多，擦拭的过程很有手感，洁面也很干净，所以很受广大女性青睐。但是洁面海绵的清洁问题需要注意，一定要在使用前用开水消毒，使用完毕放在阳光通风处晒干，这样才能确保不会滋生细菌和其他微生物。

还有就是一定要选择质地柔软质量上乘的洁面海绵，那些摸起来摩擦感很强的只适合用在身体上去角质使用，用于面部会过于刺激，给娇弱的面部肌肤带来伤害。尤其不推荐敏感肌肤的女性使用。

电力洁面 市售的洁面仪分为声波振动和旋转式刷头两种。声波振动清洁皮肤的原理很简单，其实就是局部一阵猛摇，把脏东西摇松了就从表皮上脱落了。功效是去黑头，肤色变亮，肌肤光滑度增加。两者的刷毛细致度不相上下，都在一般人平均毛孔直径的四分之一左右，只是在振动与旋转上有所不同。但刷头的材质很重要，最好是硅胶，因为硅胶耐受性好，对皮肤无刺激无过敏反应，而且不容易沾上脏东西，可以保持刷头本身的清洁。使用注意：一定要搭配温和无泡的洗面奶，不宜与深层清洁或有颗粒去角质功能的洁面产品共用；每次使用不超过 60 秒；不要用力下压，而应轻贴皮肤；冲洗时要用足清水，将振出的脏污顺利带走，真正发挥清洁效果。

起泡网 洁面时，泡沫能够帮肌肤起到一层缓冲、保护的作用，一方面减少摩擦，尤其是对于脸部肌肤较薄的人而言，不宜过度摩擦脸部肌肤；另一方面，越是绵密、丰富的泡沫，越容易深入到毛孔，将脏东西带离皮肤，排除油脂及污垢。这就要用到一个简单的工具——起泡网。使用方法是将起泡网中的泡沫挤入手心，用绵密的泡沫接触面部，而不是用手在面部摩擦，最后用清水冲洗干净即可。

起泡瓶 有些洁面产品是密封在压泵瓶中，使用时按压泵头，丰富绵密的泡沫就出来了，有的还能做出好看的泡沫造型，增加洁面时的愉悦感。起泡瓶不仅是产生泡沫的工具，更是一款优质的包装容器，使洁面产品密封在容器中，不易污染变质，因此购买带有压泵泡沫瓶包装的洁面产品真是一举两得。

清洁误区面面观

洗脸真的不是一
件简单的事情，选择合适
的产品、适时更换产品、不人云
亦云，你做到了吗？还会有什么样的误
区？下面就来看一看。

不用卸妆就睡觉 化妆是一种享受，而卸妆却是一
种折磨，有些女性甚至在晚归之后不卸妆，这种做法是非
常错误的。在经历了一天的奔波之后，脸上的残妆不仅吸
附着空气中的灰尘和杂质，还聚积着分泌的油脂，如果不
能及时清理，脸部的毛孔就会被阻塞，长此以往，就会令
肤色发黄、毛孔粗大，而这时再进行肌肤保养就不是容易
的事情了。因此，无论多么疲倦，也一定要卸妆。

卸妆之后必洗脸 大部分卸妆产品的说明中强调，
用完卸妆产品，一定要用洗面奶将面部再次清洁，方能开
始后边的护肤程序。这种做法对于使用卸妆油和卸妆乳的
朋友来讲是正确的，因为卸妆油和卸妆乳中含有大量油类
成分，有的是植物油，有的是合成酯，有的二者兼有，使
用产品后仅用清水冲洗，无法将油类成分清洗干净，可能
造成残留，使皮肤产生粉刺等病变，这时需要用洁面乳将

皮肤再次清洁，达到去除残留油脂的目的。但是如果卸妆时使用的是卸妆液或卸妆凝胶，本身又是敏感皮肤，那么这种做法就是多余的，甚至对皮肤是"过度清洁"，可能破坏皮脂膜，造成对皮肤的伤害。

只备一种洗面奶 许多女性只用一支洗面奶，用完了再买。当然，这种做法无可厚非，但是对于皮肤敏感，在季节变换、干燥环境、经前一周时，就需要考虑更换性质更加温和不刺激的洗面奶。一般来讲，这种备用的洗面奶建议用药妆品牌的产品，因为这类产品使用最温和不刺激的表面活性剂，并且不加香精、色素和防腐剂，把可能发生的刺激降到最低，使皮肤享有温柔的清洁感受，后续使用保湿产品，即可安稳无忧地度过皮肤敏感阶段。

"有泡"就比"无泡"好 有许多朋友对泡沫有特殊的"感情"，觉得没有泡沫就没有洁净，因此只用泡沫洁面乳，觉得无泡或微泡洁面乳洗脸洗不干净。通常来讲，有泡沫的洁面乳比无泡或微泡的洁面乳清洁、去脂能力要好，但是，这不是绝对的，是要看皮肤的需要。举例来说，对于干性肌肤，正常情况下不需要用泡沫洁面乳，只用微泡的洁面乳就可以将面部皮肤清洗干净，并且保持皮脂膜的完整；如果皮肤确实很脏，可以偶尔用一次泡沫洁面乳，然后使用高度保湿的后续产品，补充洁面乳带走的表皮脂质，保护皮脂膜，维持正常的皮肤屏障功能。对于油性皮肤来讲，正常情况需要使用泡沫洁面乳，但是在皮肤敏感的时候，或者实施面部激光治疗或果酸换肤等治疗术后，泡沫洁面乳可能过于"刺激"，使用后会加重皮肤敏感，因此只能使用微泡或无泡的洁面乳，虽然清洁力比泡沫洁面乳稍弱，但是在清洁的同时不会刺激皮肤，不会加重皮肤敏感引起的不适症状；待皮肤状态恢复正常后，方可再度使用泡沫洁面乳，达到理想的清洁效果。

洁面皂"一无是处" 洁面皂是偏碱性或偏酸性的皂化配方产品，这类产品常见的名称有：美容香皂、植物香皂、手工皂、透明香皂、精油皂等。下面就具体分析一下洁面皂的优缺点。

洁面皂的优点：具有极佳的清洁效果，尤其对于油性肌肤来讲，能迅速洗净"油田"，令肌肤清爽；现在的新配方洁面皂含有橄榄油等天然植物油，减少洁面后的干燥紧绷感。

洁面皂的缺点：老配方的洁面皂 pH 值偏高，一般是 9 左右，也就是性质偏碱性，而人体皮肤的 pH 值大约在 5.5 左右，也正因为如此，使用洁面皂后的最直接问题就是感觉皮肤干燥紧绷。新配方的洁面皂一般是冷制皂，有适宜的 pH 值，洗后不会出现干燥紧绷的感觉；但由于含有香精和防腐剂，故敏感皮肤不推荐使用。

正确的使用方法：32 ~ 34 摄氏度的温水湿润面部皮肤，将洁面皂搓出丰富细腻的泡沫后，以打圈的方式涂于整个面部，避开眼周，轻轻按摩，然后清水冲洗干净即可。

皂类越透明越好 许多洁面皂在设计上追求"透明感"，给消费者一种"纯净透明"感觉，其实就是在成分上添加了醇类或醋类，在制造过程中稀释了皂类分子，从而在皂类的固化过程中形成比可见光波长更小的结晶，使洁面皂看起来比较透光。

这种洁面皂的优点是含有醇类保湿成分，在清洁过程中是面部不会很干燥，但也由于醇类或醣类这些亲水性稀释剂，使透明皂在潮湿环境下比一般的皂类容易软化，使用寿命也较短。建议使用时放在有滤水功能的皂盒内，以免皂体软化，可适当延长使用寿命。

2

保湿功课一辈子

保湿成分需知晓

清洁是皮肤护理的第一步，但是皮肤在清洁过程中会流失大量的水溶性保湿因子、皮脂以及少量外层角质，使皮肤天然保湿屏障受损，保持水分的能力在数小时内难以快速恢复到理想状态。此时，需要使用保湿护肤品增加表皮含水量，帮助皮肤屏障功能恢复，减轻皮肤干燥、脱屑现象。保湿护肤品主要成分通常包括：封包剂、湿润剂和润肤剂。

封包剂 通常为油脂性物质，可以在皮肤表面形成一层惰性油膜，防止皮肤表面水分蒸发，从而减少经皮水分丢失。

①传统成分：凡士林，也叫矿脂，由石油分馏后制得，是最有效的封包剂，有助于皮肤屏障功能恢复，缺点是质感比较油腻，容易导致粉刺。矿物油在化妆品中经常使用，它的质感和稳定性均很好，单纯使用矿物油能减少30%的经皮水分丢失。羊毛脂是绵羊皮脂腺的分泌产物，和表皮脂质有很多相似之处，是一种非常有效的保湿成分。

②新型成分：硅油来源于沙子、石英和花岗岩中的硅，

其特点是不导致粉刺、低致敏性、无强烈的气味，在市场上销售的"无油配方"保湿产品中经常可以见到这种成分，多与其他封包剂合用。

③天然成分：生物脂质，包括神经酰胺、胆固醇和脂肪酸，可调节皮肤屏障和保持皮肤水分，以及增进细胞黏合，增强皮肤弹性，延缓皮肤衰老，主要用于高功能的护肤品。

湿润剂 是指能吸收水分的物质，就是从皮肤深层将水分吸引到表皮角质层，也可以在一定湿度条件下从环境中吸收水分，并将它们锁定在表皮角质层内。

①小分子传统成分：甘油、丙二醇和丁二醇是常用的湿润剂，防止角质层脂质在湿度低的情况下发生性质的改变，维持其功能。角鲨烷是人体皮脂所含有的重要成分，可为细胞提供氧气和养分，并可促进细胞新陈代谢，在皮肤外层形成皮脂膜，防止水分流失。

②大分子透明质酸和胶原蛋白：性质温和，无任何刺激性和毒性，是目前发现的自然界中保湿性最好的物质。由于这两种物质本身不能增加角质层的含水量，因此需要和其他湿润剂和封包剂联合使用。

③天然保湿因子（NMF）： 是由人体自行产生的，其中氨基酸类占40%，PCA占12%，乳酸占12%，尿素占7%，这样的比例能够发挥有效的保湿作用。

润肤剂 指涂抹后能使皮肤变得柔软，更光滑，而无干燥感觉的物质，常用的包括蓖麻油、霍霍巴油、异丙基棕榈酸盐等。

成分配比有玄机

　　一个完整的保湿配方，是由封包剂、湿润剂和润肤剂组成，三者缺一不可。封包剂可以在皮肤表面形成一层疏水膜，形成一道人为的屏障，防止皮肤表面水分蒸发；湿润剂可以补充角质细胞内的天然保湿因子的不足，提高角质层结合水的能力；润肤剂对经皮水分丢失没有影响，但涂抹后既可使皮肤变得光滑、柔软，又可以提高使用者的满意度和依从性。因此，保湿护肤品的配方非常重要，研究表明：封包剂、湿润剂、润肤剂以3:1:1的比例调配出的保湿产品效果最佳。

　　保湿护肤品作为外用产品效力持续比较短，效果会随着角质细胞正常的脱落而消失。一般保湿霜涂抹后吸收入皮肤，随后被蒸发或随着皮肤与其他物质接触而脱落，八小时后只有50%左右残留在皮肤表面。因此保湿护肤品的临床效果是建立在每天重复使用的基础上。使用一次保湿护肤品不会有长期效果，但每天两次连续使用一周保湿护肤品，即使停止使用七天后仍有效果。因此长期坚持使用保湿护肤品对于恢复皮肤屏障功能，缓解皮肤干燥、脱屑和瘙痒等症状非常有效。

根据肤质选产品

想要健康水嫩的肌肤，补水保湿是至为关键的。肌肤种类的不同，保湿方式也有所区别。根据面部皮肤不同部位皮脂腺分泌程度及油脂含量来进行分型，人群皮肤分为五种亚型。

敏感性皮肤 敏感性肌肤往往会因为干燥，没有足够的水分保护肌肤，而引起或加重过敏反应，此类皮肤由于其肤质的易敏感性，在选择保湿产品时，应特别注意其组成成分。敏感肌肤表皮薄，易受外界刺激而发生过敏反应，应选用性质温和、不易过敏物质的保湿产品，含乙醇、香精、色素和防腐剂等易致敏性化学成分的产品应谨慎选择。即使是以纯天然植物成分为主的产品也有引起过敏的可能，建议在使用产品前做过敏测试。在过敏反应阴性的前提下，偏干的过敏性肌肤使用质地温和滋润的保湿产品，偏油的则使用温和清爽的保湿品。

干性皮肤 干性肌肤可分为"干性缺水型肌肤"和"干性缺油型肌肤"两种。"干性缺水型肌肤"皮肤表层缺少水分，油脂却分泌正常，护肤不当时常刺激皮脂腺分泌增加，皮肤表现为"外油内干"的局面，此时应格外注重肌肤的保湿护理，宜选用温和清爽的补水产品，在给肌肤补充水分的同时，不刺激皮脂腺，推荐使用清爽型保湿产品。

"干性缺油型肌肤"油脂分泌较少，皮肤表面的水分不能得到贮存，深层肌肤无法得到水分的供给，皮肤就会变得粗糙，细纹也会随之产生。此时若单纯只是补水，水分快速蒸发，造成"越补越干"的局面。此类肌肤进行补水保湿时一定要同时注意油脂的补充，建议使用保湿且带有滋润效果的霜类产品，补水同时，锁住水分，让皮肤水润不干燥。

油性皮肤 油性肤质的人常常给人一种满脸"冒油"的感觉，这是因为此类肤质的皮脂腺往往分泌过多油脂。油脂易吸附空气中的污垢、细菌等物，堵塞毛孔，引起痤疮、粉刺等面部肌肤疾病。对于此类肌肤，控油和吸油只能治标，而不能解决皮肤内部的真正问题。一味地控油和吸油而忽略给肌肤补水，皮肤只会不断分泌油脂来补充流失的油脂，最终形成"越控越油"的恶性循环。正确的护肤过程应在清洁面部肌肤后，立即进行补水，让肌肤处于"水油平衡"的稳定状态，才可以有效地抑制油脂的分泌。建议选用质地清爽，含油脂量少的补水保湿产品。

中性皮肤 中性皮肤状态一般较好，不干不油，这类肌肤在选择保湿产品时，选择较为宽泛。一方面，我们可以根据季节的变化来选择不同的保湿产品。在春秋季和冬季，因天气干燥多风，皮肤易呈现偏油状态，此时可以选用质地滋润的保湿产品。夏季天气炎热，易出汗，皮肤较为干燥，可选用保湿偏清爽的产品。

混合型皮肤 混合性肌肤是最常见的肌肤类型，有一半以上的女性都是混合性的肤质，而平衡是混合肌最大的追求。因为 T 区部位易出油，所以有人会因为有一个部位的出油而把整张脸都当油性肌肤来对待，全脸控油而不保湿，这样的话两颊部位很容易变得越来越粗糙，并且滋生痘痘粉刺。混合性肌肤的女性在保养时应该要按不同部位分别侧重处理，在护肤时，先在较干的两颊部位使用滋润保湿的护肤品，再在出油的 T 区部位用清爽保湿的护肤品。

保湿用品晒一晒

无论什么时候，
保湿都是护肤的重要功课，
除了选择合适自己的保湿产品之
外，使用顺序也是很有讲究的。通常以
产品的分子量，从小到大来排序：化妆水→精华
乳液→面霜。

化妆水 爽肤水、紧肤水和柔肤水统称为化妆水，它
们都具有补水保湿、稳定肌肤、平衡肌肤酸碱性的功效。

爽肤水中加入适量酒精、薄荷醇或者其他收敛剂，使
用棉片进行擦拭，不仅能达到二次清洁，还会给皮肤带来
清爽舒适的感觉，在一定程度上平衡皮脂分泌，轻度缩小
毛孔，合适性质偏油且不敏感的皮肤，也可以用于夏季出
油出汗时。紧肤水和柔肤水都是不含酒精的化妆水，含有
透明质酸、米糠、海藻糖等保湿成分，目的是快速湿润角质，
为后续使用滋润产品做铺垫。它们的区别在于：柔肤水质
地比较滋润，适用于干性或混合偏干类型的肌肤；紧肤水
质地清爽，适用于油性或混合偏油类型的肌肤。三种化妆
水由于缺乏亲油性成分的封闭锁水功能，单用则不足以达
到理想的保湿状态，所以后续的乳液或霜膏状保湿滋润产

品是必不可少的。

纯露 是精油蒸馏的副产品，不添加任何防腐剂，性质温和，也可以说是一种化妆水。玫瑰纯露气味芬芳甜美，补水能力比较强，洋甘菊纯露是敏感皮肤女性的最爱，具有优异的舒缓功效，能镇定晒后红肿肌肤。纯露的使用类似于化妆水，可以每天使用，次数也不限，也可放在喷瓶中随身携带。

保湿精华 通常由高倍浓缩的保湿成分配制而成，易被肌肤吸收，补水效率远远高于其他剂型的保湿产品。保湿精华的小分子补水成分是滋补肌肤深层水分的关键。但是保湿精华也不具备锁水功能，故需要加上一层锁水产品，水分才能不流失。保湿精华适用于所有类型的肌肤。

美容油其实就是油状精华，通常由具有保湿功效的天然植物油或再添加脂类高浓度保湿成分构成，如市售的精纯橄榄油和角鲨烷，能够有效补充角质层的脂质，加速恢复皮脂膜，缓解干燥，稳固皮肤屏障。通常在使用化妆水后，面部湿润状态下，在掌心滴一滴美容油，用双手掌揉搓至温热，然后按压面部皮肤，可以使美容油充分渗入角质层，完美发挥保湿功效。

原液是从纯天然植物中直接提取的高纯度的植物精华，是所有浓缩精华的母体。由于原液是采用先进的超临界萃取工艺，从含有特定成分的植物中提炼出来的高纯度单一成分水性植物精华，因此和精华液相比，原液保养成分浓度更高，给肌肤更集中更强效的保养，让肌肤在短时间恢复最佳状态。使用的时候，将原液滴到虎口处（大拇指跟食指之间的地方），然后用手指涂抹到脸上，因为虎口是身体温度最低的地方之一，温度越高，原液吸收越快，所以不要用手心，手心温度高，原液容易被手心吸收掉。使用原液后不要搭配精华液使用，否则成分太多，皮肤无法吸收。

保湿啫喱　啫喱的配方中含水量较高，以高分子聚合体为主要基质成分，维持在皮肤上的时间中等，其油性保湿成分很少，大多以水性保湿成分来制造水感，皮肤主观感觉清爽。适合油脂分泌正常的年轻皮肤或油性皮肤，以及各类型皮肤的夏季保湿。

保湿乳液　乳液类化妆品又称蜜类化妆品，保湿功能介于水和霜之间，多为含油量低的水包油型（O/W）。由于乳液流动性好，易涂抹，使用感觉舒适、清爽。乳液是按照一定配方和工艺制成油水混合体系，使用后可以在皮肤表面形成锁水保护膜，防止水分流失。乳液中水量较大，最高能达到80%，能为皮肤补充水分，使皮肤保持湿润。同时，乳液还含有少量的油分，又可以滋润皮肤，当脸上皮肤发紧时，乳液中的油分可以滋润皮肤，使皮肤柔软。干性肤质可以多涂一些，油性肤质者，可用面巾纸轻轻按压，吸去多余的油脂。

保湿霜　霜类产品一般含油脂比例较高，多为油包水型（W/O）化妆品。由于其油脂成分高，水分含量少，补水功能不如保湿乳液。保湿霜的主要功能是锁水和滋润，它为在皮肤表面形成一层油脂薄膜，隔离皮肤与外界空气，减少肌肤表层水分蒸发，深层水分得以维持；油脂类物质可起到滋润肌肤的效果。由于霜类含油量较高，适合干性和中性肌肤以及混合性肌肤的两颊使用。

保湿面膜 通过产品在皮肤上的密封作用，促进角质层的水合，延长水分停留在皮肤上的时间。常见的种类有两种，一是冻胶面膜，呈现透明或半透明状，很像可以食用的果冻，大多采用高分子胶为基质，相对来讲安全低敏；还有一类冻胶面膜称为睡眠面膜，就是晚间护肤后涂于面部，保持一夜，次日清晨洗去，特点是使用时具有水润轻盈的感觉，在皮肤上形成一层薄薄的保护层，防止水分蒸发，添加植物精华等保湿成分，提供持久的补水保湿功效；添加舒缓和修复成分，夏季使用可舒缓和修复肌肤，提高皮肤的保水能力。

第二种是湿巾面膜，这是最常见的面膜形态，载体一般采用无纺布制作，价格便宜，有的采用生物纤维材质，具有类似皮肤的功能，又具超强的亲肤性，同时具有能贴入皱纹与皮丘深处的包覆能力，因此较一般无纺布面膜更提升敷面效果，并可紧贴肌肤，不会出现一般面膜脱落的现象。

四季产品有区别

皮肤的状态会随着季节的变化而变化，气温的不同、湿度的不同、光照强度的不同，会让肌肤损失水分的多少发生改变，那么补水保湿的程度就有所变化，而且面部的皮脂腺分泌会随温度、湿度的变化而变化，皮肤所需要的滋润也会随之改变，产品的选择使用也要相应调整。

春秋季经历冷热交替，在初春或晚秋相对较冷，对寒冷的防护没有冬天重视，冷空气接触面部的机会明显增加，面部皮肤容易遭遇温度迅速变化，导致面部毛细血管扩张，促进敏感皮肤出现，因此在春秋季一定要做好保湿工作，保证皮肤具有充足的水分，才能提高皮肤屏障功能，避免面部皮炎的产生。同时面部皮脂的分泌也在变化，春节到夏季皮脂分泌逐渐增多，秋季到冬季皮脂分泌逐渐减少，故早春滋润要逐渐递减，慢慢减少使用含油脂类的护肤品，而晚秋的顺序刚好相反。

夏季气温偏高，光照强度较强，皮肤水分也会丢失，但因为空气湿度较大，且夏季是皮脂腺分泌最旺盛的时候，一般不会出现干燥脱屑等问题，反而会觉得皮肤油腻腻的，但这并不表示皮肤不需要补水保湿，油脂多并不代表水分充足，也可能是缺水的表现。有的女性只重视清爽去油，不重视补水保湿，结果往往是洁面后皮肤紧绷，且出油越来越多。这是因为原本的肌肤缺水，代偿性分泌较多的油脂滋润皮肤，越清爽去油，水分丢失越多，分泌的油脂也就越多。适当地补充肌肤水分，分泌的油脂会相对减少，肌肤就会水嫩光滑而不油腻。在夏季选用含油量低或不含油的清爽的乳液保湿就可以了。

冬季，尤其在北方地区，不仅空气干燥，气温很低，还有大风的因素，皮肤的水分损失是最多的，且皮脂腺分泌的油脂也最少，皮肤既缺水又缺油，容易干燥脱屑，因此在化妆品使用中既需要补水保湿，又需要深度滋润，可以选用油包水类滋润程度较高的产品，像面霜、乳膏之类的保湿产品，充分满足皮肤的需求。

当然，不管在哪个季节用何种护肤品，皮肤自己的感觉是最重要的。适合自己的护肤品，使用后能感觉到皮肤的舒适光滑，既不显得油腻，又不会干燥不适才是最好的。

滋润内养亦保湿

女性朋友们都希望自己的肌肤光滑柔嫩，像婴儿的皮肤一样，健康良好的肌肤不仅需要使用合适的化妆品护理，也需要内在的调理，内滋外养才有水嫩的肌肤。保证充足的美容觉、每天8杯水提高新陈代谢、使用亲肤的棉质丝质衣物等都是美丽的肌肤的保护，此外入口的饮食也是很重要的，清淡的饮食不会刺激皮肤，低糖低脂会让油脂分泌减少，在这里，给大家推荐一些食疗方和茶饮，能养颜美容。

银耳雪梨汤 取两三朵银耳泡发后，加适量冰糖小火炖煮，将好时加入去皮去核的雪梨块。银耳富有天然植物性胶质，外加其具有滋阴的作用，长期服用可以润肤，并有祛除黄褐斑的功效；它的膳食纤维可助胃肠蠕动，减少脂肪吸收。雪梨润肺清燥、止咳化痰、养血生肌，可以使皮肤变得光滑润泽，尤其适合皮肤干燥瘙痒的朋友。银耳雪梨汤可以长期食用，养颜润肤。

玉竹老鸭汤 取玉竹20克洗净后，和老鸭一起炖煮。玉竹具有养阴润燥、生津止渴的功效，鸭子性偏凉，适合易口干口渴的朋友食用。玉竹老鸭汤适合在秋季食用。

百合粥　取少许百合和适量粳米洗净，加水煮烂。百合养阴清热、润肺止咳，含有蛋白质及多种维生素，对秋季气候干燥引起的多种季节性疾病有一定的防治作用，适合在秋季易患皮炎的朋友食用。

薏仁杏仁粥　每次 20 克左右熟薏仁粉，5 克左右杏仁粉，用温开水冲服，饭后服用。杏仁不仅含有丰富的不饱和脂肪、大量矿物质，所含的脂肪油可软化滋润皮肤，含有的维生素 E 居于各类坚果之首，能够帮助肌肤抵御氧化侵害、延缓皱纹产生、预防并改善皮肤色素沉积，从而达到美容的效果。这款粥品可以润泽肌肤，美白补湿，行气活血，调经止痛。

薏苡冰糖饮　薏苡仁 50 克，百合 10 克，水煎汁，加冰糖服用。薏仁健脾利湿，含维生素 B、E，润泽肌肤，美白祛斑，常食可以保持人体皮肤光泽细腻，消除粉刺、雀斑、老年斑、妊娠斑等，对脱屑、痤疮、皲裂、皮肤粗糙等都有良好疗效。

保湿误区面面观

补水保湿是每天必做的功课，先不说功效如何，避免犯错也很重要。如果每天重复错误的步骤，哪里能指望有好的保湿效果呢？

补水之后没锁水 许多人误以为补水和保湿是同一回事，有人说自己每天都使用护肤水、经常喷保湿喷雾但是皮肤还是很干燥，这是因为只补水而没有保湿。补水，是给肌肤补充水分，使肌肤变得水润、光滑；保湿，应该是锁水，是保持肌肤的水分不流失。即使使用再多的护肤水和保湿喷雾，之后没有使用乳液和面霜锁住水分，水分也会快速地挥发掉，起不到滋润肌肤的效果。

频繁蒸面抗疲劳 对干燥、疲劳肌肤而言，适度蒸面可以补充水分，加速血液循环，有助于缓解皮肤的疲劳状态，但是如果不配合有效的保湿或者次数过于频繁，蒸面反而容易令肌肤自身的水分流失掉。而对于皮脂腺分泌过于旺盛的油性肌肤而言，蒸面后加速新陈代谢，只能导致油脂分泌更加旺盛。所以频繁的蒸面也有可能导致肌肤干燥，起到适得其反的作用。

保湿需求都一样 不同的生活环境、饮食习惯、皮脂腺分泌程度等，皮肤的干燥、油腻程度绝对有差异，润肤程度也就不同。我国沿海湿润地区，及四川、重庆等潮湿地区，空气湿度大，不需要强调特别滋润保湿，而高原、西北干旱地区，又干又冷、风又大，则需要多多补水保湿滋润。年龄越大，肌肤中的水分含量越低，皮肤弹性就会降低，水合程度减少，易增加皱纹，也更易瘙痒。

分子大小没差别 保湿产品的成分有多种，从小分子的甘油到大分子的胶原蛋白、玻尿酸，均能起到保湿作用，但是如果搭配不好，则会影响后续产品的吸收。举例来说，如果使用了含有大分子保湿成分的化妆水，那么这些大分子就会分布在皮肤表面，"堵住"皮肤通往深层的通道，如果后续使用的是保湿产品，当然是作用在皮肤表面，不影响产品功效的发挥；如果后续使用的抗皱或美白产品，那么这些产品的成分就无法进入皮肤，只能停留在皮肤表面，无法发挥应有的抗皱或美白功效。因此，使用产品一定按照分子大小作为使用顺序的标准，而不是一成不变的产品顺序。

保湿面膜天天敷 从面膜的作用原理上看，不过就是"强迫"水分进入角质层的过程，是一个补水的过程，其实化妆水和保湿霜每天做的工作也是一样的，只不过面膜的作用较强，且是在短时间内完成的。这就好比一日三餐和点心的关系，三餐是基本需求，只要满足了基本需求，肌肤的状态就不会差，那么点心的作用是锦上添花，点心变成正餐恐怕不是件好事，就是人参吃多了也是会流鼻血的。

"出水" 面霜保湿好 市场上有一种保湿霜，涂抹时会渗出水珠，让使用者有一种高水分的保湿感受。其实这是一种配方设计，利用不稳定油包水乳化的方式设计，因为有涂抹的摩擦力，使油包水的乳化体系破裂，在肌肤表面上就会产生大量的水分，只是设计手法上玩的花样。保湿效果到底好不好，是由成分搭配和配方设计决定的。

角鲨烷 "无油" 配方 有的产品剂型是乳液，描述成分中不含油脂，但是分析成分表，可能看到有"角鲨烷"。角鲨烷是人体皮脂所含有的重要成分，人体皮肤的皮脂腺分泌的皮脂中约含有 10% 的角鲨烯和 2.4% 的角鲨烷。人体可将角鲨烯转变为角鲨烷。角鲨烯和角鲨烷的美容功效几乎相同，可促进细胞新陈代谢，在皮肤外层形成皮脂膜，防止水分流失，起到良好的保湿作用。看到配方只是没有"油"的字眼不代表不含油脂。

3

防晒四季基本功

防晒成分需知晓

常言道"脸白三分俏"，东方女性大都以白为美。而皮肤是否白皙动人，又与皮肤中黑色素的数量息息相关。适量的紫外线照射对人体的发育和健康都十分有益，但过量的紫外线会激活人体中的黑色素细胞产生过量的黑色素，使皮肤表面出现明显的色斑。"十个女人九个斑"，色斑严重困扰着爱美女性。因此，防晒，确实是爱美女士一生的必修课。

紫外线根据波长范围分为 UVA、UVB 和 UVC 三类，UVA 叫做长波紫外线，波长范围 315nm ~ 400nm，穿透力强，可以透过玻璃，直接作用于皮肤及皮下组织，和老化关系密切。UVB 叫做中波紫外线，波长范围 280nm ~ 315nm，穿透力较弱，仅作用于皮肤浅层，被认为是晒伤的主要因素。UVC 与防晒关系不大，在这里予以论述。

防晒化妆品的防晒机理基于产品配方中所含的防晒功效成分，即防晒剂，也叫紫外线吸收剂，有以下几种类型。

化学性紫外线吸收剂 作用机理是通过化学作用吸收紫外光，具有透明感好、轻薄透气、易于涂抹等优点，但其防晒时间有限制，需要及时补充，而且其中复杂的化学成分很有可能造成皮肤敏感，同时由于其作用过程会吸收紫外线，所以对光敏感者不宜使用。下面介绍目前几种安全的化学性防晒剂，它们很少单独使用，一般是两种以上搭配，以达到理想的防晒效果。

Octisalate（水杨酸辛酯）Octinoxate（OMC，甲氧基肉桂酸乙基己酯）防护波段290nm～320nm；

Octocrylene（奥克立林），同时吸收UVA和UVB，是美国FDA批准的I类防晒剂，一定浓度下能保护阿伏苯腙（Avobenzone）不被光破坏，二者适合合用，在美国和欧洲使用率较高。

Parsol 1789（阿伏苯腙Avobenzone）防护波段380nm～400nm，缺点是光稳定性不高，常于一个小时内失效，在紫外线照射下快速产生自由基，损伤皮肤。

Mexoryl SX（麦素宁滤光环）和Mexoryl XL防晒波段290nm～390nm，防晒专利成分，皮肤吸收率低，获得了美国FDA的认可。二者协同作用，形成稳定的UV紫外线过滤系统，令肌肤达到真正的周全防护。

Tinosorb S（双乙基己氧苯酚甲氧苯基三嗪）：防晒波段290nm～390nm，是新型专利防晒成分。

Dimethicodiethylbenzal Malonate（聚硅氧烷-15）防晒波段290nm～320nm，是新型的有机硅化合物的防晒成

分，防水性能好且性质稳定安全，相对较大的分子颗粒和有机硅使得渗透性很低，对人体健康无影响。

物理性紫外线屏蔽剂 其作用是通过散射减少紫外线对皮肤的伤害，大多为无机粉体，如二氧化钛、氧化锌、氧化铁、滑石粉等，其中二氧化钛和氧化锌已被美国 FDA 列为批准使用的防晒剂清单之中。

① Titanium Dioxide（二氧化钛）几乎不会被皮肤吸收，安全度高，缺点是涂抹在皮肤上会发白，也存在透明度感差，易在皮肤表面沉积，使用过多会堵塞皮肤毛孔，影响汗腺分泌，严重的还可导致皮肤病，《化妆品卫生规范》（2007年版）规定二氧化钛在化妆品中最大允许使用浓度均为 25%。

② Zinc Oxide（氧化锌）使用广泛，超过三成的防晒霜都含有氧化锌，可以反射几乎所有波段的 UVA、UVB。安全度高，其不足是油性大，使用时会有明显的发白、黏腻和厚重感。

micronized zinc oxide（微粒化氧化锌）减少了氧化锌使用时的厚重感，涂在脸上不会有发白现象，同时可以像氧化锌一样抵御紫外线。但其安全性存在争议。

ADVAN（扁平氧化锌技术）就是把氧化锌处理成扁平薄板状，能避免防晒粉体重叠到一起，极大缩小了防晒膜的间隙；能均匀地涂抹分布，质地更细腻，透明度更高，能减轻发白现象，防晒能力提高 1.6 倍，是业界领先的物理防晒技术。

抵御紫外辐射的生物活性物质 近年来，西兰花提取物、红茶提取物及类胡萝卜素和六氢番茄红素这些天然活性成分作为防晒剂的研究进展迅速，这些源于大自然的材料有一定保护人体细胞免受紫外线破坏的作用。

还有其他一些生物活性物质也应用到防晒剂中，目的是针对皮肤老化问题，通过抗氧化、清除自由基达到阻断或缓解自由基对皮肤的损伤，从而提高防晒效果，并能减轻紫外线引起的刺激性和皮肤损伤。抗氧化物是所有护肤品的核心，包括维生素及其衍生物，如维生素C、维生素E、烟酰胺；抗氧化酶，如超氧化物歧化酶（SOD）、辅酶Q、谷胱甘肽、金属硫蛋白（MT）等；植物提取物，如芦荟、燕麦、葡萄籽萃取物等。

防晒配方有讲究

防晒类化妆品的防晒功效如何与其添加的防晒剂种类、含量及复配情况关系密切。不同厂家一般依据化妆品的不同类别及使用人群、部位、时间等因素在化妆品中添加一种或多种防晒剂来满足不同的防晒需求。

为达到较好的防晒效果，复配使用防晒成分较为普遍。复配使用方式不仅克服了单一防晒成分在广谱性和防晒效果方面的不足，还更好地发挥了多个防晒成分之间的协同互补效应，无机防晒成分和有机防晒成分复配使用还可降低防晒成分的用量，减小产品对皮肤可能产生的刺激性。

品质优越的防晒产品，除了含有性能优异的防晒成分外，还会添加其他成分，以使产品适应不同的肌肤需求。

适合敏感肌肤的防晒产品通常会添加柔和亲肤的合成酯和有机硅质，使产品具有温润舒适的质地；添加脂肪酸、谷甾醇与卵磷脂复配模拟皮肤自然修护屏障，改善敏感肌肤皮脂膜，提高水合度，保湿成分还能和紫外线吸收剂有协同增效作用；添加少量抗氧化和安抚镇静成分，减少皮肤对产品的敏感程度。

"无添加"防晒产品使用保湿成分多元醇产生防腐功效，有效杜绝防腐剂的使用，使产品更加安全无刺激。

有产品添加成膜型高分子聚合物形成稳固的保护膜，既能够保持防护效果，也能减少化学性防晒剂渗透入皮肤产生副作用，还能产生防水效果；搭配尼龙粉末或矿物粉体吸附油脂能够提高产品的防晒持久力，使之更适合油性肌肤在春夏季使用。

有些有机植物品牌的防晒产品使用物理防晒成分超微粒氧化锌和二氧化钛，配合酯类乳化剂，偏滋润感的保湿体系，整体产品质地是乳霜状，适合干性皮肤使用，安全性非常好。

模仿皮肤自身的化学防晒反应机理，采用天然的细胞中吸收紫外线防晒成分合成的仿生防晒剂是人们追求的理想防晒剂。这类防晒剂可以防止氧自由基的形成，防止皮肤免疫系统和角质细胞的衰退，减少由过量紫外线照射引起的光致红斑、角质化、烧灼及发红等症状，所以仿生防晒剂的生物学效果更佳，且取自天然，对皮肤有更好的相容性，不产生刺激过敏等副效应。

根据肤质选产品

日光中的紫外线无处不在，即使在阴天紫外线也依然强烈。当紫外线伤害皮肤时，人体的自然防御体系就会采取相应的对策，使黑素细胞产生更多的黑色素来保护皮肤。如何不让黑色素步步紧逼，爱美的女性一起来看看选择哪些护肤产品吧。

首先出门前要使用遮光剂。女性经常使用的遮光剂有防晒霜、防晒乳液、防晒油、防晒喷雾等多种类型，从理论上讲，这些产品防晒和隔离的效果是差不多的，在购买这些产品之前你首先要知道自己皮肤的类型，然后对号入座使用相应的遮光剂。

油性皮肤：由于皮脂分泌比较旺盛，在额头、鼻周等皮脂腺较多区域表现为油腻感、毛孔粗大，容易出现脂溢性皮炎。此类肌肤防晒应选择渗透力较强的水剂型、无油配方的防晒品。此类防晒产品可选择范围比较窄，因此要使用防晒伞、大框墨镜来加强防护。

干性皮肤：由于皮肤水合程度低及油脂缺乏，导致皮肤干燥、粗糙、弹性及光泽较差。此类肌肤防晒应该选择质地比较滋润的霜状防晒品，最好还有补水、保湿、抗敏的功效，在防晒的同时达到滋养肌肤的功效。

中性皮肤：皮肤平滑、细腻、有弹性且红润。此类皮肤选择范围广，一般防晒喷雾和防晒乳都可以，只要选择合适的防晒倍数即可。

敏感、痘痘肌肤：是指对刺激反应过激的脆弱性肌肤。此类肌肤防晒产品建议选择专门针对此类肌肤的药妆品比较保险，一般这类产品都通过了过敏性测试，不含香料与防腐剂，更加安全。

光敏感皮肤：对紫外线非常敏感。这类人群最好的防晒措施，莫过于采用衣服、帽子、遮阳伞等来阻隔紫外线到达皮肤，避免长时间户外活动而接触高强度紫外线照射。在防晒产品的使用中，强调要保证及时补充，并且选择安全的物理型防晒产品、SPF 值够高，还需要兼顾到 PA 值，最好选择 PA++ 或 PA+++ 为好。

防晒产品不管涂多少层，防晒系数都不会相加或相乘，仅仅是最高防晒指数的那个产品来确定防晒效果，一般不提倡使用多层不同产品。如果要涂好几层有防晒指数的产品，就要选择清爽型的防晒乳液；如果只涂一层防晒品，就要选择高系数的防晒品。

外界环境对皮肤状况也会造成影响。在湿热的天气条件下，皮肤会更加油腻和出汗，因此要选用清爽吸油的防晒用品，同时增加清洁的次数。在干热的天气下，干燥与高温都会促使水分蒸发加速，从而导致皮肤水分减少，需要用质地滋润的防晒用品，也要加强额外的保湿。在寒冷的环境下，皮肤同样容易失去水分，因此在配合防晒的同时，还要适当增加保湿类护肤品的使用频次。在空调房中，无论是制冷还是制热，都会带走空气中的水分，因此也要使用偏滋润的防晒用品，做好保湿工作。

防晒用品晒一晒

随着人们对紫外线产生危害的认识逐渐加深，防晒意识越来越强，各种类型的防晒产品也应运而生。那么针对不同的需求，应该如何选择防晒产品呢？先了解一下不同类型产品各有哪些优势吧。

防晒乳 乳液的含水量在70%以上，质地较稀，具有流动性，较清爽，更适用于油性皮肤与混合性皮肤，但由于其中所含的油性成分和增稠剂不同，所以油腻程度也有所不同。如果对防晒乳液有清爽需求，在选购时还要注意包装是否标有Oil free（无油脂）字样，在手背试用时能较快被皮肤吸收并且没有黏腻感、油亮感即为合适。

防晒霜 防晒霜与防晒乳的作用类似，区别在于霜剂的含水量在60%左右，呈膏状，由于其中水分含量相对较少，油性更大，质地较稠厚，建议干性皮肤及年龄较大者使用，尤其适用于干燥的冬季。

防晒粉饼 防晒霜失效后需要补涂时，为避免破坏妆容，往往可以选择方便的防晒粉饼。防晒粉饼为粉质，其中含物理性防晒剂，可以起到防晒、控油、定妆的作用。

防晒与轻薄共存一直是防晒产品所追求的目标，但目前为止这两者是不能兼得的，在使用防晒粉饼时，一定也要达到一定的覆盖度，不然所谓的防晒也只不过是心理安慰罢了。

防晒喷雾 防晒喷雾其质地清爽，适用于任何肤质，将其喷洒到所需部位后轻轻按压即可，与防晒粉饼同样不会破坏妆容，可以用于妆后补涂。好处是使用方便，而且防水。但需要注意的是，防晒喷雾由于质地偏稀薄，在使用时注意用量要足，例如用于面部时要闭眼憋气，围绕全脸部喷三圈才有效，身体至少喷两遍才够。

隔离霜 隔离霜为妆前底乳用在护肤与彩妆之间，其研究初衷是在一定程度上将皮肤与彩妆、脏空气等对皮肤有损伤的物质隔离开，着眼于在皮肤与皮肤之外建立一个阻断层，具有保护、营养的作用。隔离霜分为两种，一种为单纯防护型，另一种在防护的同时还是有修饰肤色的功效。隔离霜适用于多种肌肤，可根据自身肤色、滋润程度选择，如紫色可中和黄色，适合稍偏黄的肌肤；绿色可中和泛红肌肤和红血丝，淡化痘痕；白色可增加皮肤明度，适用于肤色黝黑、暗沉、色素分布不均的皮肤；沙滩色适用于打造健康麦色肌肤；对于无特殊改善肤色要求的人群可选用近肤色。近年来，为简化护肤程序，隔离霜大多具有防晒功效，有些产品甚至标注 SPF50/PA+++，为防晒的最高数值。但若兼顾太多往往每一方面的功效都会打折扣，因此建议"防晒"与"隔离"单独使用。

对于易起痘痘的人群，要格外注意选择清爽不油腻的防晒用品，可以参考产品是否标有 non-comedogenic（不致粉刺性）、Oil free（无油脂）字样。有了痘痘的女性，皮肤容易有炎症，更需要防晒产品的保护。接触过多的紫外线只会让皮肤情况进一步恶化，同时促进黑色素的产生，使痘印更加明显，不易消退。

在防晒产品的使用方面，有三点是最重要的，一是足量，二是及时补涂，三是覆盖全部暴露部位。关于用量，前面提到的质地稠厚的防晒霜，在面部和颈部处各应使用一元硬币大小。如果要精确用量的话，应达到 2mg/cm²，才能起到标签所标注的效果，全身所需用量大约是 30ml。但实际上大多数人日常用量只能达到 10% ~ 75%，所起的功效也远远不足。裸露的部位都应使用足量，而手、颈、眼、唇、耳不要被忽视。

化学性防晒剂由于参与光反应，有效性持续减低，所以应该及时补涂，一般建议室外活动时使用 SPF30+ 防晒用品，每两小时补涂一次，室内可用 SPF30 的防晒产品，每天早上中午各一次即可。物理性防晒剂中的有效成分不会因为参与光反应而减少，但可能被摸、抓等动作蹭掉，因此也有必要及时补涂。

有人可能会觉得涂抹防晒用品很麻烦，出门只需要遮阳伞就可以了。其实不然，地面、墙壁、玻璃等都能反射部分紫外线，最终到达皮肤表面的并不比直晒的紫外线少。因此皮肤裸露面积较大时，不要怕麻烦，涂满防晒霜，防晒可不是小事情！

都是阳光惹的祸

在选购防晒产品时，倍受关注的就是SPF和PA这两个参数，但大家往往没有对这两个参数有足够的认识。紫外线根据不同的生物效应，被划分为四个波段，其中能够穿透臭氧层，照射到人体的有UVA和UVB两个波段。UVA为长波紫外线，其穿透力强，可以透过玻璃，在照射皮肤后能够穿透表皮到达真皮浅层，发生反应后产生大量自由基，从而造成皮肤老化、色素沉积 UVB为中波紫外线，在到达地表前，会被大气层阻挡一部分，不能穿透玻璃，皮肤接受大量UVB照射后会直接造成红肿、水疱等损伤。

SPF就是针对UVB作用，为皮肤抵挡UVB的时间倍数，黄种人平均抵抗UVB、不被灼伤的时间为15分钟，SPF20的防晒用品大约能够将此时间延长至250分钟。但是这只是一个理论上的概念，因为随着光降解的发生，防晒用品中的有效成分持续减少，无论SPF值多少，其防晒时间都不会超过2小时。同时如果没有用够足量的防晒霜，防晒时效也会大打折扣。对于防晒效果的计算，还有一个简易公式，（SPF-1）/SPF·100%。换言之，高SPF其理论上延长了防晒时间，但实际上是提供了更好的抵抗 UVB 效果，但同时对皮肤损伤也就越大。由于有效成分逐渐减少，所以处于室外活动时，也应该在两小时左右补涂，否则并不能达到相应的防晒效果。国内防晒化妆品最高标注 SPF30，超过的则用 SPF30+ 表示，以避免消费者过度追求高 SPF 值，在我国大部分地区选用 SPF20~30 即可。

PA 就是针对 UVA 的作用，往往用"+""++""+++"表示，越高代表防晒能力越强，"+++"抵抗 UVA 的有效率为 90%，也就意味着即便是高效的防晒水平，也并不能完全抵御 UVA 的损伤。一般可根据需求选用"++"及以上的产品。

对于紫外线的印象，很多人都只停留在会把人变黑这一层面，不如先来了解一下晒黑的机理。

黑色素的存在并不是为了和肤白貌美的女士们作对，而恰恰相反，它的存在是为了保护皮肤细胞的发源地——基底细胞层。研究表明，黑色素颗粒可以在小于兆分之一秒的极短时间内将紫外线的有害能量转化成无害的热量。如果留意观察的话会发现，同样在没有做好防晒准备的时候，难晒黑的人会更加容易晒伤。大量紫外线进入皮肤后，黑色素细胞为保护基底细胞，就会促使黑色素颗粒大量合成，随后黑色素颗粒被运送到皮肤细胞中，这也就是平常所说的晒黑过程。

紫外线直接照射皮肤除有杀菌作用外,还对神经、内分泌、免疫等多个系统有改善作用,此外又可以促进维生素 D 的合成,从而促进钙质吸收,增强骨骼强度。那么,人体又为什么会有自我保护机制抵御紫外线呢?这就要从紫外线对皮肤及其他器官的损伤说起了。

日晒伤 日常生活中最常见的紫外线损伤就是暴晒后皮肤出现急性光毒性反应,也就是俗称的"晒伤"。当皮肤受到超过耐受量的紫外线(UVB)照射后,产生一系列复杂的反应,造成表皮细胞坏死,出现水肿、黑色素合成加快等过程。UVB 在夏季晴朗天气及高原地区更强,因此夏季外出或在高海拔地区暴露皮肤时,更加需要注意防晒。

晒伤往往发生于强烈日晒或人工光源照射的数小时后,其表现为暴露部位出现边界清楚的红斑,严重时会出现水肿、水疱等,如果损伤面积过大,还可能伴有发热、头痛、恶心、心悸及其他全身症状。轻者红斑会逐渐消退,出现不同程度的脱皮,在一定时间内遗留色素沉着现象。

日晒伤更容易发生在浅肤色人群中,这种皮肤白嫩且较薄,黑色素合成的能力也相对较弱,所以更难抵抗紫外线的损伤。为了避免晒伤,应该在外出前及时涂足量且足够倍数的防晒霜,在室外尽量避免暴晒,可以用撑伞、戴帽子及穿长衣长裤等方式防护,随着室外活动时间的延长,也要记得及时补涂防晒剂。

接触日光时间过长，皮肤出现红斑、烧灼感时，应该及时进行晒后修复。晒后修复产品中含有抗氧化、抗炎成分，能够迅速缓解晒后出现的红斑、烧灼感，减少色素沉着可能。首先应进行冷敷，可就近购买冷藏矿泉水，用毛巾或纸巾蘸湿后轻轻敷在受损皮肤表明，避免摩擦而造成的二次损伤。降低局部温度后，使用合适的晒后修复用品。被晒伤后的皮肤一定要注意避免刺激，平时常用的护肤品可能已经不再适合此时的皮肤环境，应选用更为安全、敏感肌适用的药妆，必要时及时就医，否则可能遗留永久性的皮肤损伤或其他更严重的问题。

黄褐斑 黄褐斑是一种黄褐色色素沉着性疾病，可以在颧骨、前额、鼻梁、上唇、下颌等日光暴露部位出现淡褐色至深褐色色素沉着斑。造成黄褐斑有多种因素，其中紫外线照射占了重要地位。皮肤中的黑色素细胞，会因紫外线的刺激产生催化酶素，促使黑色素大量产生，造成皮肤变黑；如黑色素聚集于皮肤某一处就形成斑色或导致原有的色斑问题更加严重。经过紫外线的照射，皮肤白皙的女性更容易长晒斑，甚至黑斑。

对抗黄褐斑一定要做到积极防晒，由于能够促使皮肤色素沉着的 UVA 一年四季都存在，且具有穿透玻璃的能力，所以要有全年坚持室内室外防晒的意识，否则再多的药物治疗也敌不过紫外线的持续损伤。不只是黄褐斑，雀斑也会在照射后增多或颜色加深。

光老化 皮肤的老化分为外源性老化与内源性老

化。内源性老化指随着年龄的增长，皮肤随之老化的过程。外源性老化是指皮肤受到外界环境影响而引起衰老的过程，其中以紫外线的影响为主。紫外线可以破坏胶原纤维，使胶原蛋白合成减少，而同时人体内还有胶原蛋白不断分解，这样胶原蛋白无法维持平衡，越来越少，皮肤也随之变得松弛粗糙、暗淡无光、缺少弹性、出现皱纹、皮沟加深。

日常护肤品中往往有添加抗氧化剂成分，能够在一定程度上延缓皮肤衰老过程，但只使用抗氧化剂，而不采用防晒的方法从根本上尽可能避免皮肤老化，无异于扬汤止沸。

防晒误区面面观

防晒这件事，并不仅仅是涂抹防晒用品那么简单，如果观念上存在错误，那么再好的产品也发挥不出应有的作用。下面就来看看好多人都容易犯的错误吧。

物理防晒比化学防晒好 这个说法真的有些绝对了，现在防晒产品有的是单纯物理型防晒剂，主打是安全，但是脱离不了"油、厚、白"，若是油性皮肤就绝对不能用；有些是物理防晒和化学防晒的结合，适应范围较广；还有单独就是化学性防晒产品，既轻薄舒适，又全频保护。总之，要综合考虑成分和肤感，适合自己的才是好的。

防晒成分越多越好 防晒效果的理想与否，是与防晒成分的合理配比，保湿、舒缓镇静成分的合理添加等配方因素和制造工艺有关，而一味加入多种防晒成分，不但不会有好的防晒效果，还可能会因为添加的化学物质过多而产生不良反应，对皮肤造成伤害。

倍数高越高越刺激 衡量防晒产品对皮肤的刺激性，主要看选用的成分，安全性好的防晒成分，搭配适宜的保湿成分，还有必要的镇静舒缓成分，这样的产品就是高倍数，刺激皮肤的几率也不高。相反，选用廉价的安全性差的防晒成分，即使是低倍数，也会刺激皮肤。

产品越白效果越好 防晒产品的颜色主要由物理型防晒成分决定，物理型防晒成分越多，产品的白度就会相应增加，但是防晒效果是由防晒倍数、产品使用方法等因素共同决定的，相同的颜色情况下，物理型防晒的倍数总体来讲比化学型防晒成分的产品要低一些，但是，衡量防晒效果是一个综合评价的过程，不是单纯以颜色就可以做出正确判断的。

海边产品无特殊 在海边等地点进行水上活动时使用的防晒产品，除了要 SPF 倍数足够之外，还要通过美国 FDA80min 防水测试，标识是 "very water resistance"，这个特殊测试表明下水 80 分钟后仍保有标示 SPF 值一半的效能。如果标识是 "water resistance"，则是表明通过了美国 FDA40min 测试，代表产品具有一定的防水功效。即使如此，也需要每隔 2 小时补涂防晒产品。

/ 4 /

美白乃锦上添花

/

古人美白多烦恼

美白可以说是现代女性最常见的热门话题，市面上的美白产品琳琅满目，而且东方女性自古以来都追求肌肤白嫩如雪。随着科学技术的发展，市面上带有美白功效的洗面奶、乳液、面膜等多得数不胜数，现在对于我们来说想使用美白产品非常便捷，那么在物质相对缺乏的古代呢，不禁想到古人们又是如何美白皮肤的。她们对于美白这项大工程是如何发挥奇思妙想的呢？

令人"如雪如素"的桃花 众所周知太平公主是女皇武则天最得宠爱的女儿，她从小深受武则天的影响，也很爱美，擅长保养。相传太平公主用来美容的护肤品是由纯天然的桃花和乌鸡血制成的。《四时纂要·七月》里记载了太平公主用过的美容秘方。"面药：（七月）七日取乌鸡血，和三月桃花末，涂面及身，二三日后，光白如素。"具体做法就是在每年的农历三月三采摘桃花，阴干研细末贮藏；七月初取乌鸡血，与桃花末调和成糊状，用时取适量敷面部及其他部位。

入唐以后人们普遍的观念认为，将桃花直接覆于肌肤，可以起到祛黑增白的作用，因此人们认为这个方子可以滋养皮肤，促进新陈代谢而令"面白脱如雪，身光白如素"。

根据医典来看，桃花作为美容花品在唐以前有记载。早在《肘后备急方》中就有好几款服食桃花以美白肤色的方子，比如"葛氏服药取白方"把三棵桃树上的花瓣全部采摘下来，拣选干净，装在绢袋中，吊挂在屋檐下，任其自然风干，然后捣、碾成末，每天用水将桃花末调成糊，在饭前服下一勺匙，一天三次。入唐前后桃花从内服发展到外治功能。《备急千金要方》的"玉屑面脂方"中便列有桃花，《千金翼方》则不仅有加桃花的面脂，更有两款以桃花为原料之一的澡豆方。由此看来，认为桃花具有美容神效，是一种非常古老的信念，在春天桃花盛开之时，将风吹落于地的桃花花瓣捡起来，洗尽后阴干，然后制作成桃花蜜膏，这也成了古代女性美容的一种方法。

古老的"美白面膜" 唐朝"回眸一笑百媚生"的杨贵妃美艳动人，除饮食起居等生活条件优越外，还得益于她常用的专门调制的面膜。杨贵妃的面膜并不难做：用珍珠、白玉、人参适量，研磨成细粉，用上等藕粉混合，调和成膏状敷于脸上，静待片刻，然后洗去。据说能去斑增白，去除皱纹，光泽皮肤。看来，简便易做、效果明显的美容面膜，很早以前便为爱美的女士争相采用，不断改进，沿用至今。

明清时期，把配有药料、具有治疗作用的高档澡豆美称为"散"和"粉"，其中最为流行的是"玉容散"，尤以乾隆年间官修的《医宗金鉴》中的版本最引人兴趣，其记载以团粉（绿豆粉）与白牵牛、白僵蚕、白莲蕊等多种药料配成，旨在祛面部黑斑。其后的指导十分有意思："共研末，每用少许放手心内，用水调浓，抹搓面上，良久，再以水洗之。早晚日用二次。"（卷六十三）就是把粉末用水调成糊状，在面庞上厚涂一层，之后保持糊状物覆于面上一段时间，再用清水将其洗掉。这与当今的"面膜"不谋而合。

相传慈禧太后也使用过玉容散"面膜"，"面膜"在过去的时代里确实是一种经常使用的美颜手段。

在美白养颜的原材料中，最被历代爱美女人看中的就是珍珠粉。《本草纲目》记载，珍珠"气味：咸、甘、寒，无毒。主治：镇心、点目，去肤翳障膜。涂面令人润泽好颜色。涂手足，去皮肤逆胪……除面䵟，止泄。"珍珠虽然性寒，但其实药性还是比较温和的，所以内服外涂都可以起到很不错的美容养颜作用。不过有一点需要注意，一些女性朋友体质偏寒，最好不要长期服用珍珠粉，以免加重寒性体质。

白茯苓也是一味不错的美白药材，《本草纲目》记载："白茯苓末，蜜和，夜夜敷之"，可用于美白肌肤。据说当年慈禧太后就经常使用白茯苓来美白养颜，并且十分喜爱茯苓做成的茯苓饼，认为其有很高的养颜和养生价值。

美白成分需知晓

大家都知道，想要美白首先要做好防晒，这是有效防止黑色素产生的最强措施，是美白的第一步，不做好防晒什么美白产品都是白用；在防晒功底打好之后，如果想在美白的道路上更上一层楼，就要来探索一下市面上的美白产品里都藏着哪些小心机。首先，我们需要了解：人体皮肤的颜色是由哪些因素决定的？为什么生活在同样一个地方，有人皮肤白嫩如雪，有人肤色黧黑暗沉？为什么有人小时候肤色白皙，成年后皮肤却越来越多黑？市场上流行的美白产品琳琅满目，都是什么成分在发挥美白的作用？这些答案将在本节一一揭晓。

皮肤变黑的机制 人体皮肤颜色的深浅差异是由在皮肤基底层的黑色素细胞的多少大小、皮肤的色素及经过皮肤所能见到的血液颜色，以及皮肤表面的散乱光等综合因素所决定的。这其中黑色素是决定皮肤颜色的最主要因素，也就是说，皮肤黑是因为有黑色素。所以真正美白的任何方面都离不开黑色素的合成、运输、降解过程。在这个过程中发挥关键作用的是酪氨酸酶，紫外线照射可以升高酪氨酸酶的活性，加速黑色素的合成，并使皮肤产生一些炎性因子及氧自由基等；神经内分泌因素在一定程度上影响机体整体黑色素的形成，肾上腺皮质激素及雌激素升高，可以增强酪氨酸酶的活性，导致黑色素产品合成增加。

美白疗效护肤品中的活性成分

①维生素类：维生素 A 维生素 C 及其衍生物。维生素 A 主要通过激活细胞的新陈代谢，促进细胞增生、分裂、角化、免疫反应、抑制皮脂分泌，达到增白效果。但维生素 A 经常以维甲酸这种活性形式出现，可能引起红肿、脱皮等不良反应，因此不是很常用。维生素 C 可以抑制皮肤异常的色素沉着，但其性质不够稳定，在常温常态下很快就会氧化失效，护肤品中使用的为脂溶性的维生素 C 衍生物，常用的有维生素 C 磷酯镁、维生素 C 棕榈酸酯等，目的是保持产品中维生素 C 的稳定性，吸收后在皮肤内转化成维生素 C 发挥作用。

②曲酸、植酸和鞣花酸：三者都提取自植物，同时具有一定的抗氧化能力，能协助美白，曲酸刺激性稍强，目前较少使用，植酸和鞣花酸致敏率低，安全性高，被认为是理想的美白成分。

③传明酸（氨甲环酸）：这是临床上常用的止血药物,不经意发现其具有美白效果,才应用于护肤产品中。传明酸性质稳定,不易受温度环境破坏,无刺激性,缺点是对于非色素代谢异常部位的美白效果并不明显,常常需

搭配其他成分使用。

④ 4MSK（甲氧基水杨酸钾）：对黑色素的生成有直接的抑制作用，对紫外线造成的色素沉着具有卓越的防御效果，还具有调整角质形成细胞增殖分化的作用，能改善黑色素容易过剩沉积的皮肤状态，作为有效成分已在日本、韩国、中国台湾获得法律方面的许可。

⑤对苯二酚和熊果苷：对苯二酚又称氢醌，氢醌是一种传统且有效的美白祛斑成分，但对皮肤有较大毒性，刺激性大，现已较少使用。熊果苷是天然的对苯二酚的衍生物，其作用强于曲酸和维生素 C，具有很好的安全性。

⑥烟酰胺：又名尼克酰胺、维生素 B_3、维生素 PP。作为 B 族维生素的一员，其一直以抗衰老的功效为医学、美容界所共知，被广泛地应用于临床防治糙皮病、舌炎、口炎、光感性皮炎和化妆性皮炎的治疗。烟酰胺不仅可以减少黑色素传送到角质细胞还可有效改善皮肤的屏障功能。

⑦植物提取物：现在许多美白产品中含有当归、川芎、丹参、桑白皮、人参、薏仁、积雪苷、珍珠、甘草、芦荟、红景天、银杏、木瓜、白芷、五加皮、薄荷、洋甘菊、卡姆果等的成分，例如甘草提取物中的甘草黄酮，能够良好地抑制酪氨酸酶的活性，并且没有黑色素细胞毒性；薄荷、洋甘菊具有抗炎功效，能阻止日光照射后皮肤炎症反应产生的色素沉着。葡萄蔓威尼菲霖是专利美白成分，来自于葡萄蔓流出的汁液，具有很好的祛斑及提亮肌肤的效果。

美白配方有讲究

市场上美白化妆品的品牌和产品线在不断增多，如何选择产品？是不是产品中仅含有美白成分就足够了呢？在使用产品的时候会出现各种问题，如美白效果不佳、产品稳定性差（产品外观和质量发生变化），以及会出现一些副作用（用后皮肤变黑、生斑，皮肤反应加重）等，需要判定是自己使用的问题还是配方本身的问题。因此，关注美白化妆品的配方非常重要，要明白什么样配方的产品才是好产品。

美白成分的复配 前面提到了美白成分对于黑色素生成的过程中的作用靶点不同，而且各类美白成分物理性质不同，安全性不同，复配稳定性也不一样，这就要求配方中对美白成分要有所选择。功效成分如果选用单一的美白活性成分，美白效果就不太明显，多种成分复配才能功效显著。因此，在选择美白成分时要考虑既能抑制酪氨酸酶的活性，也要考虑对已形成的色素、色斑的淡化和还原。加入适量的皮肤增白剂（中草药提取物）效果更明显。

惰性油脂的配合 美白产品要选择惰性的、不易氧化的油脂。油脂须不含杂质或杂质含量很低，因为油中的杂质对美白成分的稳定性也有影响，易引起产品氧化和变色等。因此，还会有适量的螯合剂和抗氧化剂用以使产品稳定。

保湿成分的选择 美白产品要有较好的保湿性，保湿效果好将有利于有效成分的渗透、吸收和增强美白效果，同时，使皮肤细胞保持丰满和滋润，起到抗衰老的作用。选择保湿剂要考虑效果和成本。普通的保湿剂，如甘油和丙二醇等价格低，保湿效果一般；较好的保湿剂如氨基酸保湿剂、海洋多糖保湿剂、吡咯烷酮羧酸钠及复合保湿剂等，保湿效果比较理想，但是成本比较高；几种保湿剂的复配使用，能够体现良好的性价比。

增效成分的选择 角质软化剂的加入能够促进表皮细胞更新，和促渗剂一起促进有效成分的吸收，起到增效作用。有的美白活性成分包裹了纯维生素 C 的超微载体，平均粒径为 70nm，其渗透吸收性比一般的脂质体包裹物要好，美白效果也明显，这时促渗剂的使用可有可无。紫外线吸收剂的添加可以有效阻断黑色素产生的外部引发因素，在一定程度上起到美白保护作用，并且可防止皮肤晒伤，预防产品变色等。

舒缓成分的选择 美白活性成分的加入量较高时，容易对皮肤产生刺激，适当地加入抗敏舒缓成分可以消除皮肤产生的炎症。

根据肤质选产品

皮肤分类是了解皮肤的第一步，也是皮肤护理的基础。每个人的肤质都是独一无二的，每个品牌的美白产品又都有自己的特点，因此想要保持皮肤的白皙光泽，我们需要根据自己的肤质找到适合自己肤质的产品。在选购产品时，首先应了解自己的肌肤情况，例如肌肤是否缺水，是否需要清理角质层等，然后再选择不同功效的美白产品，像保湿美白面膜、滋养型美白乳液等；其次，美白产品的不同是由于所含成分不同导致的，不同的产品成分又有不同的护肤效果。因此，认清自己的专属肤质和认清美白产品成分的种类是非常重要的。

干性皮肤：补水保湿美白　干性皮肤：最明显的特征是皮脂分泌少，角质层含水量低，特点是缺水、缺油、容易敏感、怕晒，所以干性皮肤在美白时第一位工作是该做好补水保湿，降低皮肤表面水分的流失速度，以充足的水分营养肌肤，只有肌肤变得水润剔透，才能有助于恢复皮肤的屏障功能，维持肌肤正常代谢抵抗干燥与色素的沉着，以及更好地吸收各种营养精华。

对于干性肌肤，最好选择含有性质温和成分的美白产品，例如植物性美白产品（甘草萃取精华等），或者海洋性美白产品（含海藻、海洋生物性胶原蛋白类等），对皮肤有较好的保护性作用。选用性质温和的洁面乳，爽肤水则以保湿柔和的柔肤水为主，选择滋润度高的美白晚霜类产品润肤，提高肌肤含水量、给予肌肤充足的美白营养与水分及油分。配合良好的防晒，使肌肤处于良好的状态。

油性皮肤：深层清洁、控油美白 油性肌肤的特点是皮肤表面油腻，尤其是额头和鼻翼所在的 T 区，而且容易出现毛孔粗大、痘痘黑头这样的问题。

对油性皮肤的美白护理来说，深层清洁十分重要，认真地清洁是油性肌肤的美白关键，推荐轻柔但不油腻的乳液质地洗面奶，丰富绵密的泡沫能够清除肌肤表面多余的油脂和毛囊内的污垢、残妆，令肌肤恢复柔软和弹性，然后再使用嫩白修复精华液滋养肌肤。油性皮肤的人一定要选择含有稳定美白成分且亲水性较好的产品，以清爽的水分美白或者选择无油脂的清润美白产品为好；或者选择兼具一定的控油作用的美白乳液，也能及时改善肤质，脱离油腻和晦暗，使肌肤紧致透白。

混合型皮肤：清润温和、保湿 混合型皮肤的特点是皮肤有的区域是偏干的，有的部分是偏油性的，最常见的问题就是"T"字区油脂分泌过旺，而且毛孔通常比较粗大，影响肌肤的美白工作，同时混合型皮肤容易变成敏感性或者缺水性皮肤，它们最需要长效保湿因子，例如透明质酸、胶原蛋白等成分。

混合性皮肤选择"双重作用"的保湿、美白共有功效的产品比较好。因此，在美白护理之前先调理一下肌肤的油水平衡，适当补充脸颊的水分，然后再使用控油爽肤水拍打在"T"字区，并以柔润型的美白乳液或化妆水搭配滋润型美白面霜滋养肌肤深层，使其保持红润、细嫩的肤质。

敏感性皮肤：先补水保湿，降低皮肤过敏率，再美白 敏感性皮肤特点为皮肤角质层薄，应对外界刺激的能力比较低，遇冷或热面部会潮红，或有红血丝，时有痘痘时有斑，而这些主要是由于角质层变薄而皮肤屏障功能受损，抵御能力下降造成的。

对于敏感性皮肤，防护不仅是防紫外线，防止环境污染的侵袭也非常重要，因此，敏感肌肤要美白，防晒、隔离都必不可少。在做好补水和保湿工作之后，美白类产品一定要选择含有植物性或海洋性的美白成分，并配有镇静舒缓成分，最好选用药妆品牌。同时，使用护肤产品之前一定要先在耳后做个过敏测试或小面积试用，确认不过敏后方可全脸使用。

美白用品晒一晒

白嫩如瓷的肌肤是很多女性梦寐以求的，根据消费者的这种心理，商家推出了各种美白用品，还打出了各种广告，诸如"一洗就变白"、"30天快速美白"等，许多女性蜂拥而至，抢购一空，然而用到脸上的效果却并不明显，这是为什么呢？当然，不排除商家打出的可能是虚假广告，但更为重要的是，很多女性并不了解自己的肤质，只凭商家的介绍和一颗急切变白的心来选择美白产品，这当然是十分错误的。

美白化妆水 化妆水是皮肤护理的第一道程序，除了平衡肌肤酸碱值之外，还能起到补水、保湿、美白等功效，在基础护肤中起着承前启后的作用，既能够给肌肤带来直接的好处，还能让后续使用的护肤品发挥更大的作用。护肤品中的很多美白成分易引起过敏，建议挑选温和不刺激的产品，尤其是敏感肌肤的 MM，在选择上一定要慎重。

美白精华 精华素是护肤品中的极品，是高浓缩营养液，能够快速吸收和增加皮肤的弹性。精华素的成分充分吸收后，可以有效阻止黑色素的产生和沉淀，从而起到焕白肤色、淡化斑点的作用。

美白乳液 乳液含水量高，可以瞬间滋润肌肤，为干燥肌肤补充水分，还可以在肌肤表面形成轻薄透气的保护膜，防止水分流失，从而起到极佳的保湿和美白效果。

美白面霜 面霜是质地较为黏稠的一种肌肤滋养剂，具有保湿、美白、抗皱的功能。一般来说具有美白作用的面霜保湿效果往往较差，因此一定在护肤步骤中使用足量保湿产品，这样才能使美白成分充分发挥，做到既美白又不伤害肌肤。

美白面膜 面膜具有美白、保湿、祛痘、紧肤、抗衰等功能，在毛孔扩张的同时，加快新陈代谢，帮助肌肤更好的呼吸，面膜中的水分及营养物质也会深入肌肤表皮的角质层，使皮肤亮白、有弹性。美白面膜能够彻底清除死皮细胞，兼具清洁、美白双重功效，使肌肤重现幼嫩光滑，白皙透明。油性肌肤的女性在选择美白面膜时还要注意面膜本身的清洁力，既美白又清爽的面膜才是最佳选择；而干性肌肤的女性则要选用既美白又滋润的面膜。

白里透红居家做

真正的美丽是由内而外的，护肤品虽是美白必不可少的利器，但平时的保养才是美丽得以维持的最终法宝。想要拥有靓丽的外表，除了选择合适的护肤品之外，还要特别注意对身体的调理。

吃什么，怎么吃，和什么一起吃就成了一个值得关注的问题，维生素C、维生素E、B族维生素和一些矿物质等都能中断黑色素的生成，影响酪氨酸酶的活性，假如想使皮肤白皙就要多吃这类食物。下面就推荐几款美容养颜的食疗佳品。

杏仁胡桃芝麻糊

材料：胡桃仁30克，白芝麻20克，牛乳、豆浆各200毫升，杏仁、白糖适量。

做法：将胡桃仁、白芝麻研为细末，与牛乳、豆浆混匀，煮沸饮服，白糖调味，加入适量的杏仁，早晚各1份，每日1次，长期使用效果明显。

功效：胡桃温肺定喘、润肠通便，与白芝麻一起共有补肾之功，二者相合，有滋阴养血的功效，让肌肤白皙、红润、有弹性，肺主皮毛，杏仁有良好的润肺功效，尤其在秋冬干燥季节里，能让皮肤更加滋润，美白效果更好。

椰奶燕麦

材料：燕麦100克，椰汁、牛乳各200毫升，白糖适量。

做法：锅中烧开水，将燕麦煮熟，与椰汁、牛乳混匀稍煮，加入适量白糖调味。

功效：椰汁含丰富的维生素C及人体需要的矿物质，帮助肌肤抗氧化、防衰老；燕麦中含有维生素E等活性物质，对肌肤有祛斑增白的作用。二者相合，有促进新陈代谢、排毒养颜的功效，能够延缓肌肤细胞衰老，让肌肤持久白嫩。

柠檬玫瑰花茶

材料：柠檬1片、玫瑰花3朵。

做法：将玫瑰花放入茶壶，加入热开水冲泡，待水温下降至60摄氏度左右时放入柠檬，加入适量蜂蜜。

功效：柠檬中含有丰富的维生素，能防止和消除皮肤的色素沉着，玫瑰能够美白肌肤，滋润养颜，二者相合，有让皮肤白嫩细腻，容光焕发的功效。

山楂橘皮茶

材料：山楂、橘皮、玫瑰适量。

做法：将三种材料，放入茶壶，加入热开水冲泡，加入适量的蜂蜜或冰糖，即可饮用。

功效：山楂能够促进消化、活化循环，橘皮具有理气调中的功效。二者相合，能够促进体内毒素的

排出，使肌肤靓丽。

玫瑰大枣红糖粥

材料：玫瑰花3朵，大枣6枚，粳米50克，红糖适量。

做法：先将玫瑰花用淡盐水洗干净，再用清水冲一遍；把大枣、粳米分别洗净；将粳米放入锅中，加入适量清水大火煮开，加入大枣、适量红糖转小火继续煮20分钟；加入玫瑰花，搅匀后关火。待温即可食用。

功效：玫瑰理气活血、疏肝解郁，大枣补脾和胃、益气生津、滋润肌肤，经常食用此粥，可使肌肤白里透红。

百合莲子糯米粥

材料：糯米100克，百合、莲子各15克。

做法：将所有的食材洗净；锅内加水，烧至将沸时，倒入所有食材，煮沸后改用小火稍煮即可。

功效：本品能滋阴润肺、清热养胃，是滋阴养颜的首选，1周2次，坚持一段时间后，肌肤就会白里透红，水润有光泽。

美白误区面面观

细嫩亮白如瓷的肌肤不仅引人注目，还能给人带来由内而外的自信。在用各种方法美白肌肤时，有很多容易让人忽略的误区，一旦踏入，很可能给肌肤带来伤害，下面就是几种比较常见的美白误区。

白皮肤无需美白 有些天生皮肤白皙的女性，还有很多崇尚小麦色肌肤的女性认为自己不需要使用美白产品，这种想法是错误的。美白产品能够帮助肌肤抑制过量黑色素的形成，防止黑色素沉淀和形成斑点。特别是过了 25 岁之后，肌肤对沉淀的黑色素自我修复功能减弱，这时如果还不注重美白肌肤，就会令皮肤晦暗无光，产生斑点，甚至扩大成斑片。只有外用美白产品养护肌肤，再加上身体内部的调理，才能保持健康嫩白的肌肤。

一夜之间就变白 美白是一个循序渐进的过程，短期内没有如此神奇的美白功效，皮肤的更新时间一般在 28 天左右，因此真正能看到效果至少也需要两个月的时间。那些快速美白的产品通常含有铅、汞、荧光剂等有害成分，会给肌肤带来严重的伤害。

皮肤越白就越好 亚洲人都是黄种人，本身肤色就带有淡淡的黄色，不能奢求变成欧洲人的牛奶白。我们所追求的白是健康的，明亮的白，而不是依靠美白针剂维持的苍白。美白针等强效美白产品在注射后三天就能看到美白效果，因此深得急切追求皮肤白皙的女性青睐，甚至不顾自己的肌肤状况而盲目使用。这种美白是非常危险的，不仅易引起过敏等不良反应，长期使用更是对健康肌肤的损耗。所以，美白一定要以健康为基础，健康的白才是最美丽的。

美白不用去角质 想要皮肤白皙，一味使用美白产品是远远不够的，肌肤角质堆积，会导致皮肤干燥缺水，即使用再多的美白产品，其中的美白成分和营养物质也不能很好地被皮肤吸收。定期去角质，能够维持肌肤正常的新陈代谢，加速黑色素的排泄，使皮肤焕然一新，更能帮助各种美白产品的吸收。当然，对于敏感肌肤，如何轻柔去角质而不伤害皮肤，只要选择合适的产品，就可以做到。

美白面膜天天敷 面膜是非常常见的一种护肤品、方便快捷、效果显著，深受广大女性朋友的青睐，很多女性将其作为每天护肤中一个必备的步骤。虽然面膜含有的营养物质丰富，但是肌肤的吸收量有限，而且美白面膜由于含有美白成分所以几乎是呈现酸性，容易使皮肤干燥，因此，每周做 2 ~ 3 次美白面膜足矣，而且每次在脸上停留的时间不宜过长，以 10 ~ 15 分钟为限，其他时间要使用足量保湿产品，给肌肤补充足够的水分，这样才是健康的美白。

果酸焕肤自己做 果酸焕肤是美容院常见的一种美白方式，将果酸薄涂在面部，清除脱落角质，刺激真皮的新陈代谢，去除沉积的黑色素，使肌肤白皙透亮。很多女性朋友自己用果酸来美白，这是不可取的，如果处理不好用量及使用时间，就会带来副作用。果酸分不同的浓度，使用时根据肤质和需要来选择，如果浓度过高，或施于过敏性及干性肌肤上，就会造成灼伤，引起皮肤炎症、色素沉着等。建议爱美女性朋友们一定去正规的医疗机构进行治疗。

美白与防晒无关 日晒对皮肤的伤害非常大，主要是两个方面，第一是紫外线造成肌肤晒伤，产生色素沉着，造成皮肤颜色加深；第二是紫外线加速黑色素的生成，是产生和加重黄褐斑及雀斑的重要外在因素，也是积极的、可控制的因素。因此，做好防晒就是最积极的美白方式。

总的来说，美白是一个长期的过程，除了上述需要注意的问题，还要整体调整自己的身体状况，多补充水分，保证充足的睡眠、适当运动等，身体健康，水润光滑的肌肤自然随之而来。

/ 5 /

抗皱需与时俱进

/

古人抗皱多烦恼

在生活中使用除皱抗皱产品对于现代人来讲是再正常不过的事情，逐渐成为生活必需品，但这些物品的出现是近现代的事情，那么古人是如何对抗皱纹的呢？

张贵妃面膏 李后主有个爱妃名叫张丽华，为了博得后主的欢心，她千方百计地寻找美容秘方。最后终于在西王母《枕中方》中找到了一个美容秘诀，使用之后，竟然变得美貌无比，从而得到了李后主的百般宠幸。此方为鸡蛋一个，丹砂一两。调制时先将丹砂研成细末，再在鸡蛋上开一小孔，去黄留清，装入丹砂细末，然后用蜡封固小孔，随同其它鸡蛋一起，让母鸡孵化，待另外雏鸡孵出后，取出蜡封鸡蛋，除去蛋壳，研细敷面。丹砂即朱砂，在这里主要是作为红色颜料使用。用此方敷面可使面色白里透红，光滑细腻，不仅可以去除面部等处色素沉着，而且可防止皮肤衰老及皱纹产生。因此方是张丽华经常使用的美容秘方，所以，后人又称之为"张贵妃面膏"。到了明代时，成祖朱棣博学多才，又对此方作了一些改进，将朱砂改为胭脂，并加入少量卤砂，在宫中广为使用，后妃们使用之后，个个容颜如玉，所以，后来此方又获得了"美人红"的美称。

慈禧玉尺按摩　慈禧太后暮年时仍然是粉面桃花不减当年，容貌未见衰老。相传，慈禧太后有一根短而圆的精制玉尺，经常爱不释手，一有空闲时间，就用这根玉尺在面部来回滚动，常年如此。究其玉容常驻的原因，除了坚持常食驻颜美容药膳及滋补药物外，面部按摩就是容颜不衰的妙术了。

美肌秘方"牛奶"　1904年入宫为慈禧画像的美国女画家卡尔也在其所著的《慈禧写照记》中说道，慈禧年近七旬但"猜度其年龄，至多不过四十岁"。慈禧太后身边的女官德龄在其所著的《御香缥缈录》中记载，慈禧到老年时肌肤仍然白嫩光滑如同少女一般，细腻光润。事实上，慈禧虽一生爱美至极但其本身的肤质并不好，脸上容易起痤疮，她的"后天之美"也全得益于勤加保养，而牛奶也可算得上是慈禧最钟爱的保养品了。她数十年一直坚持每日喝牛奶，或是佐以珍珠，蛋清来外敷，使得年近七十的她仍然拥有姣好容颜。

史书中关于牛奶功效作用的记载很多。《唐本草》云，酪，"主热毒，止渴，解散发利，除胸中虚热、身面上热疮、肥疮"。《本草纲目》说，乳酥，温酒化服，可以"益虚劳，润脏腑，泽肌肤，和血脉，止急痛，治诸疮"。慈禧太后正是利用这养颜效果不俗的牛奶维持了自己毕生的美貌。

以现代科学的观点来看，牛奶的美肤功效更是不可小觑。牛奶中含有丰富的氨基酸、视黄醇、核黄素、水溶性胶原蛋白等美肌成分。其中氨基酸是组成细胞不可缺少的营养成分，它可以帮助补充肌肤能量。视黄醇也就是维他命 A，具有刺激真皮胶原增生，更新表皮，抚平纹路，防止暗沉的作用。核黄素即维生素 B_2，能够防止肌肤炎症，同时加速肌肤新陈代谢的过程。水溶性胶原蛋白是极好的保湿成分，不仅能够为肌肤暂时提供水分，还能形成锁水膜，使皮肤弹润柔滑。

精油的传说 故事一：相传在十四世纪末，已72 岁高龄的匈牙利皇后唐娜伊萨贝拉，面容苍老，终日被风湿和痛风折磨得死去活来。当她开始使用一位隐士以迷迭香为基调的秘方，一年后奇迹出现了，皇后的肌肤变得和她年轻时一样光鲜嫩滑，身体充满了活力，以致邻国波兰皇帝定要娶她为妻。匈牙利皇后水最主要的成分包括玫瑰纯露、橙花纯露和奥图玫瑰、迷迭香、柠檬和甜橙。故事二：一战期间，法国化学家盖特佛塞在一次实验中不慎将手臂严重灼伤，迅速伸进薰衣草精油后竟然神奇的愈合，随即开始深入研究精油在医疗领域的运用，之后将这门学科正式定名芳香疗法，从此近代芳香疗法学科正式奠基。

尽管贵为王妃、太后，在古代，抗皱方法的选择却捉襟见肘，对比古人的状况，生活在现代社会的我们拥有各种抗皱产品以及各种医美手段等等，品种多多，选择多多，实在是非常幸福的一件事情，所以珍惜生活从现在开始吧！

抗皱成分需知晓

年龄会在脸上留下痕迹，这是谁也抹杀不了的事实，但是如何减少这些痕迹，减缓衰老的步伐，则是我们永恒的话题和追求的目标。有人说过护肤是一场终将失败的战役，因此"防衰老"的意义远远大于"抗衰老"。

皮肤衰老的表现

①皮肤细胞新陈代谢变慢，表现为粗糙晦暗；②真皮胶原纤维和弹力纤维流失，表现为皮肤失去弹性，形成皱纹；③皮下脂肪流失，表现为皮肤松弛下垂、干瘪。

皮肤衰老最直观的表现是皱纹、松弛和下垂的皮肤外观，常见的皱纹分为假性皱纹和真性皱纹两类。假性皱纹一般是指缺水纹和表情纹，它们通常不是很深，也不伴有皮肤的松弛下垂，这是因为皮下组织减少和角质代谢变慢，但皮肤的基本结构没有发生明显的变化，通过适当的护理，皱纹可以淡化或消失，此时是抗皱的最佳时期。真性皱纹通常比较深，而且有一定程度的松弛下垂的表现，此时由于年龄和激素的影响，皮肤的新陈代谢变慢，皮肤的支撑结构如胶原纤维、弹力纤维和脂肪的流失、肌肉萎缩，使面部结构造成了很大的改变，如果仅使用抗皱成分使角质层皮肤更新，已经无法解决深层改变造成的皮肤问题，常需要配合手术、激光等专业治疗手段才能达到比较满意的效果。因此抗衰老需要把握时机。

抗皱活性成分

①维生素 A 酸及其衍生物　维生素 A 在人体内分别以 A 醇、A 醛、A 酸、A 酯的形式存在，真正具有抗老作用的是 A 酸，其他那三种物质必须在皮肤内转化为 A 酸才能发挥作用，但是 A 酸副作用较大，敏感皮肤和孕妇禁用，一般在使用初期会有发红、脱皮、刺激等现象，还会增加皮肤的光敏性，所以最好在夜间使用，同时白天加强防晒。

②胜肽　胜肽（peptide）即小分子的蛋白质，在美国等国家的护肤品中已经很流行，因为它成分先进，效果显著，被很多药妆品牌使用，目前有三类应用较广的胜肽，第一类是五肽，使细胞更新及修复，促使胶原蛋白和弹性纤维生成，使皱纹明显减少，皮肤变得紧致有弹性；第二类是六肽，可模拟肉毒杆菌毒素成分达到松弛肌肉、缓解表情纹的效果；第三类是铜离子结合的肽链，可有效促进组织重建达到皮肤修复的效果，现已广泛应用于抗衰老护理。

③人类表皮生长因子（hEGF）　人体中 EGF 的含量多少直接决定着皮肤的年轻程度，EGF 因此又被誉为"美丽因子"。hEGF 存在常温下稳定性差，对热、光极不稳定，易降解及易失活等缺点，一般会采用特殊方法保护其活性。

④二甲胺基乙醇（DMAE）　可以使皮肤恢复张力，改善松弛感，被赞为"实时拉皮"，持续使用可以使皮肤变

得紧致。

⑤艾地苯 又称为艾地苯醌，因具有多种抗衰老功效而逐渐被运用到化妆品领域。缺点是对皮肤的刺激性大和本身理化性质的稳定性差，期待开发出新剂型或药物载体，提高其安全性和稳定性，从而使艾地苯醌更好地应用到化妆品领域中。

⑥白藜芦醇 具有抗炎、杀菌和保湿作用，可用于保湿、抗皱类化妆品，其独特的收敛性使含多酚的化妆品在防水条件下对皮肤有很好的附着能力，并且能让粗大的毛孔收缩，使松弛的皮肤绷紧从而减少皱纹，防止皮肤分泌过多油脂。

⑦植物提取物 植物含多种抗氧化成分，被广泛应用于化妆品领域。灵芝中含有氨基葡聚糖，可修复皱纹和疤痕。刺阿干树仁油有保湿，抗氧化，并可预防妊娠纹。青刺果油富含不饱和脂肪酸及丰富的脂溶性维生素，接近人体皮肤角质层脂质的成分，因此具有保湿和皮肤再生修复作用，同时具有皮肤渗透能力，可显著延缓皮肤老化。

抗皱配方有讲究

一般来讲，去皱抗老化产品是一个品牌的高端产品线，利润也是最高的。如何选择好的产品，不花冤枉钱，这时就要擦亮眼睛。

含有多种抗皱成分 去皱抗老化产品的功效有多种，一般一种成分很难覆盖多种功效，只有复配成分的产品，才能发挥全面功效。举例来说，几种胜肽类成分的搭配，可以分别作用于神经递质、抑制神经递质的释放和与肌肉结合的小分子胜肽，协同作用而达到松弛表情肌的目的；再举个例子，刺激胶原纤维产生的胜肽、紧致肌肤的DMAE（二甲氨基乙醇）和促进细胞分化的维生素 A 衍生物联合使用，可以全方位满足抗衰老的诉求。因此一定要选择具有两种以上去皱抗老化成分的产品，这是去皱抗老化功效的基本保证。

抗皱美白成分共存 肌肤颜色沉暗也是衰老的现象之一，改善沉暗的色泽也是抗老化的任务之一，因此许多抗老化的精华和面霜中加入了美白成分，在去皱的同时，改善肌肤的色泽，加强了抗老化的功效。例如，有的产品加入氧化锌、二氧化钛或云母的粉末，会改善肌肤的沉暗，增加皮肤光泽度，起到修饰肤色的作用，使用产品后会明显感受到外观有暂时改善老化的效果。有的产品加入脱氧熊果苷这一美白成分，来抑制黑色素产生，逆转紫外线导致的肤色不匀，与抗老化产品共同发挥修复的功效。

抗皱保湿成分共存 在去皱抗老化产品中加入由小分子保湿物质和植物油构成的保湿体系，能够使产品具有很好的滋润能力，更好地满足干性肌肤的需求，但是油性肌肤要注意其质地厚重的特点和致痘的可能性。在含有 Retinol（A 醇）配方的产品中，一定要配有镇静舒缓功效的保湿体系，才能够有效减少 A 醇导致的刺激性皮炎的发生率，更好地发挥产品的功效。

脂质体技术锦上添花 人的皮肤是由一层致密的细胞构成，细胞膜对大分子生物活性物质是不通透的。化妆品中的活性成分要达到营养、改善皮肤状况和预防皮肤疾病的功效，关键是活性物质必须透过角质层而达到相应的作用部位并维持一定时间。无论是精华液还是面霜，要想使成分到达皮肤的基底甚至真皮层，普通的促渗透成分已经很难达到要求，现在多采用先进的脂质体包埋技术，例如固体脂质纳米粒（SLN）为粒径在 10 ~ 1000nm 的固态胶体颗粒，它以固态天然或合成的类脂如卵磷脂、三酰甘油等为载体，将物质包封或夹嵌于类脂核中制成固体胶粒传输系统。SLN 包封化妆品活性物质可提高其稳定性，同时具有缓慢释放成分的作用。去皱抗老化成分确实存在不稳定的性质，运用此先进技术可以有效解决这一问题。这项技术已经应用于许多产品。

抗皱用品晒一晒

去皱抗老化产品系列是护肤品产品系列中最高端的系列，是价格最为昂贵的产品。从洁面乳、化妆水、精华素、乳液，到日霜、晚霜、面膜，是不是需要整套使用？如果出现了问题怎么办？如何与皮肤的其他需求兼顾呢？

化妆水 具有去皱抗老化功效的化妆水包括功效型的高机能营养水和中药类功能水，高机能营养水可以算是保湿柔肤水的一种，它们增加了各种有效的营养成分，甚至有一些做成了乳液状，它们可以作为护肤调理的前奏。中药成分的功能水。有些水里会添加相应的中药护肤成分，比如活血的黄芪、当归，美白的薏米、牡丹等。还有一些药妆化妆水直接做成类似中药提取精华液的形式，能提高药用功效。值得注意的是，中药类有效成分大多是以酒精浸取物的形式出现，干性、敏感性、红血丝皮肤都需要谨慎使用；还有大多数高机能化妆水中有多种防腐剂成分，敏感性皮肤要谨慎使用。

精华素 一款去皱抗老化的精华素，其中含有多种成分，这些成分可能包含以下几类物质：促进皮肤胶原蛋白、弹力纤维、真皮细胞间质、角质细胞间脂质等成分增生的物质，对抗自由基的抗氧化剂和具有保湿、美白功效的物质，对于敏感皮肤来讲，这么多的成分更有可能对皮肤造成刺激导致过敏的发生，因此，对于敏感肌肤来讲，精华素的成分越简单越好，宁可两种叠加使用，也不要轻易尝试多效合一的产品，因为产品成分越多，对皮肤的潜在伤害就越大。使用前一定要看成分表，如果含有可疑刺激的成分，就是宁可不用，也要保证皮肤的安全。

乳液 一定要看乳液的配方，别以为乳液都是清爽的质地，其实很油的乳液并不少见。举例来讲，如果一款乳液的保湿体系是多元醇、牛油果油、大豆籽油、角鲨烷等成分，那么这就是一款比较厚重的植物油和合成酯的基底，不管其中添加了什么抗老化成分，质地是不会改变的，因此，这样的乳液只适合干性及混合偏干的皮肤使用，油性及混合偏油类型的皮肤是不适合使用的。

日霜 日霜一般来讲是以保护皮肤为主，促进修复为辅，但是由于成分的原因，多采用油性的基质，因此，在使用是要搭配油性小些的产品，以免皮肤表面过油，增加皮肤的负担。尤其是油性肌肤的朋友，就要更加小心，可以选择在寒冷干燥的冬季使用，或与保湿功能的日霜交替使用，目的是减少皮肤的油脂负担。日间使用的防晒产品也要选用油分少的，以减轻油分对肌肤的影响。

晚霜 晚霜的主要功效是修复，这也是去皱抗老化面霜最主要最突出的功效，晚间使用的产品因为要经过一夜的时间留存在面部，可以充分发挥其应有的功效，这也就是抗皱晚霜价格昂贵的原因。因为在晚间使用，不用考虑紫外线的影响，因此许多品牌的晚霜采用了 A 酸或 A 醇的成分，可能对皮肤造成刺激，因此敏感肌肤也要特别注意，不能因为产品的功效强大，就忽略了安全性。

面膜 抗老化面膜通常采用乳霜或生物纤维面膜的类型，因为高分子成分的冻膜和一些抗老化的活性成分兼容性不够好，因此无法添加到基质当中去；泥膏型面膜含有火山泥或黏土成分，主要功效是清洁、吸油和去除老废角质，或皮肤过多的油脂分泌；撕拉式面膜主要起清洁作用，有去角质、祛痘功效，在其中添加抗老化活性成分无太大意义。乳霜面膜厚涂于面部，其中所含的成分会容易被皮肤吸收，一般无需洗脸，仅用纸巾擦去多余的面膜，再使用后续护肤品即可。

根据肤质选产品

保养肌肤一般人
都会从擦护肤品开始，许
多品牌也都包括成系列的除皱抗
老化产品，但是因为护肤品有浓度的限
制，作用相对比较温和，再加上肌肤对外来物质
吸收程度不同，护肤品的除皱抗老化效果相对有限。

针对不同肤质，选择除皱抗老化产品的方法是不一样
的，具体到使用也是因人而异的，但是一条总的原则必须
把握，就是以保湿和防晒为基础，只有这两件工作做好之后，
除皱抗老化才可能发挥作用。

中性肤质 面部的水分和油脂基本是平衡状态，但是
也不建议全套使用除皱抗老化产品，在干燥的季节或皮肤
状态不佳的情况下，可以将精华或乳液换成保湿功效的同
品牌产品，加强保湿功效，帮助肌肤顺利度过"困难"时期。

油性肤质 大多数抗老化产品都是为干性肤质设计
的，对于油性肌肤来讲，油分过多，涂在面部有厚重感，
容易引起粉刺。建议不要整套使用除皱抗老化产品，要把
重点放在保湿方面，洁面产品春秋冬宜选保湿功效的，夏
季宜选控油功效的，化妆水和精华选用除皱抗老化功效的，

面霜尽量在保证效果的基础上顾及肤质，选用质地清爽的产品，白天使用保湿功效的，晚间使用除皱抗老化功效的。这样搭配可以有效发挥除皱抗老化产品的功效，又不会过于油腻。

干性肤质 这类肤质缺水又缺油，需保湿和除皱抗老化并重，护肤品质地以油脂型、润泽感为主。建议整套使用除皱抗老化的产品，如感觉皮肤干燥脱皮，或者在换季时皮肤状态不佳的情况下，就要加用保湿面膜或敷保湿化妆水面膜来加强保湿效果，甚至使用含有神经酰胺或角鲨烷的保湿产品来修复皮肤屏障。否则，皮肤干燥的状态下，除皱抗老化的产品不利于吸收，也不容易发挥其应有的作用。

混合性肤质 这类肤质的特点是T区出油，两颊偏干，T区缺水不缺油，但两颊缺水又缺油，因此建议整套购买除皱抗老化产品，再购买一套保湿产品，T区使用除皱抗老化产品占1/3，其余是保湿产品；两颊2/3使用除皱抗老化产品，其余时保湿产品。但是这个比例需要根据季节变化、皮肤状态的肤感来调节。

敏感性肤质 当肌肤敏感时最好的保养工作是为肌肤保湿，少量试用药妆除皱抗老化产品，如果对任何除皱抗老化产品都敏感，那么就只有等到等度过敏感期，再酌情选用除皱抗老化产品。尤其是化妆水，很多营养成分丰富的化妆水其实是各种微生物的良好培养基，为了保证水的安全，其添加的防腐剂往往需要比乳液面霜剂量更大，种类更多。因此敏感性皮肤要慎之又慎，不如干脆选用最简单成分的不含酒精等刺激成分的保湿功效的化妆水，毕竟安全是第一位的。

滋润内养亦抗皱

女性朋友都希望自己的肌肤光滑紧致，像年轻的肌肤一样，想要减缓衰老的步伐，也需要内在的调理，许多食材就具有抗老化的功效。女性朋友们不妨在日常饮食中进行尝试。

抗皱食材

①燕窝：燕窝味甘性平，含丰富蛋白质、碳水化合物、磷、钙、铁、钾等营养成分，是爱好滋补的人士所喜爱的清润极品。医学上认可的具有滋阴养颜、止咳治喘、补肾益气等药用价值的燕窝产自印度尼西亚以及马来西亚。泡发燕窝尽量用冷水，隔水炖煮最好，防止营养成分流失；燕窝咸食用鸡清汤、蘑菇清汤，甜食用椰汁、杏仁汁、冰糖水，不要用白砂糖和红糖。

②银耳：银耳被称为"百姓的燕窝"，中医认为银耳甘平无毒，润肺生津、滋养胃、益气和血、补脑强心。银耳含有多种营养元素，如蛋白质，脂肪，碳水化合物，粗纤维，钙，磷，铁等，蛋白质中含有17种氨基酸。此外，还有银耳多糖和多种维生素等，对人体健康十分有益。

③花胶：花胶来自于鱼鳔，富含胶质，与燕窝、鱼翅齐名，是八珍之一，素有"海洋人参"之誉。它的主要成分为高级胶原蛋白、多种维生素及钙、铁、锌、硒等多种微量元素。其蛋白质含量高达84.2%，脂肪仅为0.2%，是理想的健康食品。食用时用热水浸泡，待软后用剪刀剪成细条状，与杏仁露或椰汁等偏甜的汁液微火煮至软烂即可。因花胶来自鱼体，容易有腥味，因此多与偏甜的汁液同煮，可以有效遮盖腥气，适合女性朋友的口味，便于食用。

抗衰汤饮

①马蹄银耳汤

原料：马蹄（又称荸荠）、银耳一朵、枸杞一小把、冰糖适量。

做法：银耳提前泡发。荸荠洗净去皮对半切块，枸杞用凉水泡上。银耳入锅，加足量水，大火烧开，转小火煮炖半小时。加荸荠与冰糖继续熬30分钟至银耳变得黏稠，临关火前2分钟加入泡好的枸杞即可。

功效：荸荠是寒性食物，有清热泻火的良好功效。既可清热生津，又可补充营养，最宜用于容易上火的人，也适合在夏天食用。

②乳鸽瘦肉银耳汤

原料：乳鸽1只，银耳10克，瘦肉150克，蜜枣3个。

做法：将乳鸽切好，切去脚，与瘦肉同放入滚水中煮5分钟，取出过冷河，洗净。银耳用浸至膨胀，放入滚水中煮3分钟，取出洗净。把适量清水煲滚，放入乳鸽、瘦肉和蜜枣煲约 2 小时，放入银耳再煲半小时，下盐调味。

功效：此汤具有滋养和血，滋补温和的作用。

③仙人粥

原料：制首乌 30 克，粳米 60 克，大枣 5 枚，红糖适量。

做法：先用水将何首乌煮取浓汁，再加入粳米、大枣一起放入砂锅中煮，快熟时加入红糖调味。早晨空腹食用，每 7 ~ 10 天为 1 疗程，间隔 5 天再服。制首乌性温味甘，入肺、脾、肾经，主要功效滋阴养血，滋补肝肾，现代研究含有白藜芦醇和谷甾醇，对人体抗老化有积极作用。配合粳米、大枣补益脾气使得本品具有补气血、养肝肾、防衰祛皱的功效。

④淮药芝麻糊

原料：淮山药 15 克，黑芝麻 120 克，粳米 60 克，鲜牛奶 200 克，玫瑰花 6 克，冰糖 120 克。

做法：粳米洗净，用清水浸泡 1 小时，捞出滤干；淮山药切成小颗粒；黑芝麻炒香，将以上三种放入盆中，加水和鲜牛奶搅拌，磨碎后过滤取汁。锅里重新加入清水和冰糖，溶化后过滤取汁，然后混入粳米山药芝麻汁，加入玫瑰花水，不断搅拌，熟后起锅即成，可供早晚餐食用。具有补脾肾、养血润肤之效。

抗皱误区面面观

以上内容也提到有抗皱误区，本节是将上述内容没有提到的误区，作为补充讲解。很多时候，女性朋友们使用了昂贵的抗皱产品，皱纹仍然得不到有效的改善，甚至会越来越多。调查显示，造成这一现象的主要原因是护肤方法不当，进入了除皱的误区，现在就让我们彻底的了解这些除皱误区吧。

使用粉底盖皱纹 在面部涂抹粉底的确能够暂时将面部瑕疵遮盖起来，但是一旦肌肤出汗或时间过久，脸上的粉状物质会脱落，而且肌肤的干燥缺水也会令皱纹更显眼，尤其是干性肌肤，这种现象更明显。保护皮肤、少生皱纹最好的方法是先做足保湿工作，在皱纹明显的地方特别是眼角部位，要使用加倍滋润的产品，使皮肤呈现健康的光泽，然后尽量化淡妆，皱纹自然就不会太明显，千万不要通过涂抹大量粉底来遮盖皱纹。

油性皮肤少皱纹 油性皮肤确实比干性皮肤少些皱纹，但是有没有皱纹主要取决于肌肤是否缺水，一旦保养不当导致肌肤缺水，就算是油性肌肤同样也会出现不同程度的皱纹，因此油脂充足并不代表不需要抗皱护肤，任何时候都应该及时为肌肤补水保湿，才能使抗皱产品发挥应有功效，最大程度上抑制皱纹的产生。

皮肤敏感仍除皱 当肌肤处于敏感状态时，例如生理期前、季节变换、心情不佳、劳累熬夜等情况下，最好的保养工作就是基础护理，从洁面开始各类产品均为保湿功效，且尽量使用安全系数高的药妆产品。如果仍然使用除皱抗老化产品，其中的成分可能导致皮肤敏感加重，皮肤屏障功能减弱或丧失，继而产生接触性皮炎等病变，使皮肤状态更加糟糕。

除皱与保湿矛盾 有一种现象很普遍，皮肤干燥时皱纹会更加明显，为肌肤补充了水分之后，皱纹就会比肌肤干燥时减少和不明显。如果不注意保湿，不仅皱纹的数量会增加，暂时发生的干纹会逐渐变成固有的皱纹，细小的皱纹会加深加粗，因此，无论何时，保湿都是必不可少的基本工作，没有水分充足的肌肤打底，使用再多的抗皱产品也是无源之水、无本之木。因此，当补水保湿和除皱抗老化发生冲突或二者必取其一的情况下，一定是保湿优先，然后才是除皱抗老化，二者从本质上讲并不矛盾。

6

全身呵护无死角

古人香体多烦恼

身体的护理，和面部的护理同等重要。想拥有光滑紧致的肌肤，古代的美女们都想到了哪些办法呢？

米糠护肤 使用"米糠"的美容法曾出现在《源氏物語》中，自古以来作为日本女性的肌肤护理法沿用至今。日本贵族妇女还用米糠洗面、入浴。入浴时，将米糠装入麻或者棉制的小布袋内。

《本草纲目》中也有记载：米糠令人羡美，润肌肤、添美色。米糠中的植物甾醇是很好的皮肤营养剂、脂肪醇是极为良好的皮肤保护剂；将米糠中的谷维素添加于洗手、洗脸用洗涤剂中，可形成一层皮肤保护膜，从而达到保护皮肤的目的。总之，米糠是一种植物类天然添加剂。

矿泥护肤 埃及托勒密王朝最后一位女王埃及艳后克丽奥佩托拉七世可谓是"美容野史"中美容鼻祖了。传说埃及艳后兼具美貌与智慧，她的美容秘籍也一直被无数人追捧。据考古学家称，她之所以容颜不衰，跟她高超的美容保养方法有很大关系。1922年，考古专家在中东死海边发现传说中埃及艳后御用的古罗马温泉浴遗址，并从废墟中发现了死海泥物质。传说美容始祖埃及艳后还曾因为太钟情于使用死海泥浆来保养，不惜发动两次战争抢夺死海泥浆所在的领土。据称，埃及艳后每天都要将身体浸泡在死海矿物温泉中，同时还用泥浆涂抹全身，坚持数十年。

近年来以矿物泥为卖点的面膜类产品一路走红，这主要得益于矿物泥中蕴含硅、铝、镁、钙、铁、钛、硫、磷、钠、铜、锌、硒、钴、锰、钼等三十多种微量元素和矿物质，这些成分让火山泥的物理特性十分的稳定，在使用时，这些矿物元素渗入肌肤，帮助促进皮下血液循环。在涂抹之后，泥浆使得皮肤与空气暂时隔绝，皮肤温度逐渐升高，毛孔张开，这时泥浆就会发挥卓越的吸附作用，清除毛孔里的垃圾，使肌肤光滑细致。矿物泥中还含有海藻成分，具有优异的保持细胞活性以及生物大分子活力的功能。

护体用品晒一晒

对女性朋友来说，保养和抗老的对象不应仅仅是一张脸，身体其他部位同样重要，许多小细节都能透露出年龄的秘密，让我们做全方位无死角美人吧。保养身体除了适当地锻炼，保持健康的体态，还少不了借助各种护肤产品。市场上，各种价格档次、品牌、功能的产品种类繁多，使人眼花缭乱。我们来充分了解一下日常生活中养护身体的用品吧。

清洁产品 说白了就是要把身体表面的脏东西清出去。"脏东西"主要是我们皮肤分泌的汗水、油脂，还有代谢下来的皮屑混合上灰尘等物质。要知道皮肤表面的 pH 值是一般 4.6 ~ 6.5 之间，呈现弱酸性。清洗的过程就是中和的过程。因此，早期清洁身体的产品就是肥皂。肥皂能溶于水，有洗涤去污作用。在其中加入香精，就成了香皂。虽然肥皂的清洁能力很强，但是洗后皮肤过于干燥，触感不够顺滑。人们就发明了沐浴乳来代替它。好的沐浴乳将两种具有清洁能力的成分调配的恰到好处，使其 pH 值更接近皮肤的弱酸性，泡沫丰富，易于冲洗，洗后皮肤清爽滋润。有些高端的沐浴产品甚至添加了特殊香味，从而在清洁身体的同时，达到芳香疗法的效果，使人精神放松。

不过不同性质的皮肤清洁时不能一概而论。干性皮肤干燥少脂，用碱性皂后，容易发痒刺疼，起屑起皱，要使用偏中性的沐浴产品。油性皮肤毛孔粗大，脂多发亮，前胸后背容易生粉刺，肤质粗糙，可以使用偏碱性沐浴产品。敏感性皮肤容易过敏起疹，建议少用清洁沐浴类产品，必要时要选用弱酸性温和不刺激，最好不含人工香精的沐浴液。

身体磨砂膏 适度的"去死皮"可以深度的清洁皮肤，提亮肤色，还可以增加后续保养品的吸收，可谓好处多多。要去死皮就离不开磨砂膏了。磨砂膏就是指含有均匀细微颗粒的乳化型洁肤品。其主要用于去除皮肤深层的污垢，通过在皮肤上摩擦可使老化的角质剥除，除去死皮。磨砂膏中含有不溶性固体磨料的。廉价产品使用如氧化铝，矽石等人造粒子化学合成品的小颗粒，容易磨伤皮肤，致使过敏的发生，不推荐使用。优质磨砂膏则使用杏仁、红豆、木瓜、燕麦、椰子壳等天然植物，其含有的天然脂质可以在清洁的同时滋润肌肤。由于身体的皮肤不如面部皮肤娇嫩，因身体磨砂膏的磨砂颗粒比较粗。

通常使用时将膏体在皮肤上适当按摩1、2分钟，让制剂中油分、水分及表面活性剂发挥清洁的作用，通过磨料的摩擦作用，可将较难清除的污垢及堆积在皮肤表面老化的角质层细胞去除。表皮有推陈出新的特性，它从生发到凋亡变成"死皮"，一般为期28天。因此"死皮"不用天天去。磨砂膏这样的强力去污产品最好能配合皮肤自身的代谢周期使用，这样才不至于造成不必要的伤害。有部分标注着温和磨砂膏的产品，可以一两周使用一次，也要根据自身肤质决定。干性皮肤、敏感肌肤慎用，且按摩时轻重要适度。磨砂膏不是从头到脚都可以使用的，建议用于后背等皮肤较厚的部位，如果后背有痘痘，那就更适合不过了，用磨砂膏清除皮脂和黑头，有助于痘痘的痊愈；颈部，腋下，鼠蹊部等身体娇嫩部位不建议使用。

润肤产品 什么样的润肤产品可以被皮肤吸收呢？首先要了解，我们皮肤是有选择地吸收外界物质的。这种功能主要通过毛囊孔、皮脂腺孔、汗腺孔、角质细胞及角质细胞间隙等五个途径来完成的。毛囊孔、皮脂腺孔、汗腺孔多的部位，角质层较薄的部位吸收能力强。而且既溶于水又溶于油的物质，比单一溶于水或溶于油的物质好吸收。动物性脂肪吸收最好，植物性脂肪次之，矿物油则难于吸收，易堵塞皮肤孔隙。多种重金属能被吸收，水溶性无机酸一般难吸收，但氢醌、水杨酸等无机酸例外。基于各种肤质、各处皮肤吸收的能力不同，市面上就有了润肤露、润肤凝露和润肤霜。在了解完它们的特点后，我们就可以为自己选择适合自己的润肤产品了。

润肤露和乳液是水包油型的乳化剂，它们都是水性成分的润肤产品。因为其中含有10%～80%左右的水分，所以具有一定的流动性，通常选用塑料瓶包装。乳液含水量比较大，又含有油分，能起调节油脂分泌、补充适当油分的作用，适用于身体大部分部位，也适合各种皮肤类型，是比较基础的护肤产品。但如果润肤露上注明是"清爽型"或者"凝露"的话，就说明它的含油量会少一些，更适合混合型或偏油性的肌肤使用，它的质地也比较清爽稀薄，适合夏天使用。

润肤霜富含尿素成分和甘油，能吸收空气中数倍于自身的水分，迅速将水分补充到干燥皮肤中，形成肌肤保护膜，有效防止水分散失，从而防止细纹和干纹的出现。霜类特别适用干性肌肤和易干燥部位。推荐用于手肘、膝盖、足跟部。对于干性肤质或者老年人，推荐他们在小腿部位用霜而不用露，滋润效果更好。

当代的润肤产品不再局限于单一的润肤功效，其中还添加了各种功能性的有效成分。例如，具有抗氧化抗衰老功能的人参皂甙，大豆提取物、烟酰胺（维生素 B_3（烟酸）的衍生物）、视黄醇类（维生素 A 衍生物）。具有美白功效的果酸、维生素 C、桑叶提取物、熊果苷。可用于润肤止痒的胶体燕麦（Colloidal Oatmeal），这是美国 FDA 认证的非处方类护肤成分。大家可以根据自己的美容诉求选择含有相应成分的润肤产品。

纤体产品 这是一类比较特殊的产品，有一定的塑形功能。纤体产品通过里面多种有效成分加快排水，改善皮肤的局部微循环，促进了溶脂排脂，能够消退已有的橘皮组织，并阻止未来橘皮组织的形成，从而塑造身体纤美曲线。

常见的有效成分有以下几种：茶多酚和葡萄籽提取物——具有很强的消除有害自由基的作用，防止皮肤过早氧化。咖啡因——能刺激血液及淋巴循环，加速脂肪的新陈代谢。可可精华——能刺激体内安多酚因子，给予皮肤细胞信号从而启动脂肪分解。辣椒碱——能够疏通血脉、刺激神经系统，通过促进淋巴排毒和排汗，从而改善水肿型的肥胖。茴香——具有利尿、抗菌功能，能促进新陈代谢，对改善橘皮组织有神奇功效。薄荷醇——帮助燃脂成分渗透，打破脂类细胞障壁阻隔，清凉温和并保持肌肤紧致。鱼子精华——激活纤维细胞以生产胶原蛋白，强化皮肤的结缔组织，在消除脂类细胞的同时重塑健康紧致的肌肤曲线，达到更好的瘦身紧致效果。左旋肉碱——帮助脂肪更充分燃烧，使您的运动能够保持有效的消耗能量，拥有最佳瘦身效果。天然常春藤提取物——有效阻止储存脂肪的脂蛋白分解素的作用，防止脂类细胞的重新囤积。有效保证了纤体后对完美身形的保持，防止反弹。

使用纤体产品时，不同的部位需要不同的按摩手法，原则上通常是从离心脏远的位置向近的位置顺序按摩，由下往上，由内向外的方向按摩。短期见效最快的方法是，涂上纤体霜至按摩吸收后运动。用于腹部时，先将纤体霜均匀涂抹于腹部，然后以顺时针方向加以适度按摩，直至产品被完全吸收。打圈按摩时也可用双手手掌轻拍腹部皮肤，以加速血液循环，帮助皮肤对有效成分的吸收。用于腿部时，先把脚放高，将纤体霜涂在大腿上。将双手拇指放于大腿上，把压力放在拇指上，并收紧其他手指，向拇指方向轻扫。由大腿一直重复这个动作至膝盖。目前市场上，许多纤体霜厂家也生产配合使用的按摩滚轮、按摩棒等。配合使用效果更佳。

这类产品不适合敏感型皮肤使用，有破损伤口的地方也要避开。

身体防晒品 研究发现紫外线对于皮肤的伤害可不仅仅是晒黑，产生色斑这么简单。中波紫外线（UVB）的极大部分被皮肤表皮所吸收，不能渗入皮肤内部。但由于其阶能较高，对皮肤可产生强烈的光损伤，使被照射部位真皮血管扩张，血管通透性增加，令皮肤出现发红、肿胀、水疱等症状。长久照射皮肤会出现红斑、炎症、皮肤老化，严重者可引起皮肤癌。长波紫外线（UVA）对衣物和人体皮肤的穿透性远比中波紫外线要强，可达到真皮深处，并可对表皮部位的黑色素起作用，从而引起皮肤黑色素沉着，使皮肤变黑，起到了防御紫外线，保护皮肤的作用。因而长波紫外线也被称为"晒黑段"。长波紫外线虽不会引起皮肤急性炎症，但对皮肤的作用缓慢，可长期积累，是导致皮肤老化和严重损害的原因之一。

人们往往很重视面部的防晒，却忽视了身体更大面积对紫外线的吸收，忽略了身体防晒品的使用。身体防晒品的成分与面部防晒品的成分没有太大差别，选用的方法也基本一致。最好在出门前 15 分钟左右涂抹，给皮肤吸收有效成分的时间。身体防晒以防晒液、防晒啫喱或者防晒喷雾为主，便于大面积使用，质地也更清爽不黏腻。值得大家注意的是，使用过防晒产品的皮肤，晚间睡前一定要先用卸妆产品卸除，再用沐浴露清洗，最后用清水冲干净，以免堵塞皮肤，产生过敏性的皮炎和湿疹。

护体可以加点料

时下，护肤DIY蔚然成风。有越来越多的人更喜欢自制护肤美体的小配方，或者自创护肤小窍门。因为人们认为价格再高昂的护肤产品也不都是纯天然的材质，会有添加防腐剂、香料等隐患。希望自己的皮肤能享受到更自然更纯粹的呵护。

需要注意的是任何配方在使用前最好现在耳后或腕部内侧进行皮肤敏感测试，如有发红发痒或起疹子的现象都不要再继续使用。对于异体蛋白过敏的人群，在选在自制护肤品的原料时，尽量避免使用牛奶、蜂蜜。

自制磨砂膏 原料蜂蜜、红糖。

做法：将三茶匙的红糖倒入碗里，再倒入三倍的蜂蜜，搅拌均匀，随用随配。沐浴时，将配好的磨砂膏和上少量的水，稀释后涂抹在身体大部分的皮肤上稍加按摩，5分钟后冲洗干净。可将红糖磨砂膏原品用在手肘及膝盖角质较厚的部位。皮肤有破损的地方切勿揉搓。如果自身皮肤干燥，可多添加蜂蜜使用。冬季皮肤易干燥，可以一到两周使用一次，夏季多汗，洗澡频繁，可1月使用一次。

果醋焕肤液 相信很多人都听说过果酸焕肤吧。即使用高浓度的果酸进行皮肤角质的剥离作用，促使老化角质层脱落，加速角质细胞及少部分上层表皮细胞的更新速度，促进真皮层内弹性纤维增生，对浅层痘疤有较好疗效，也能改善毛孔粗大，但需经多次疗程治疗后才能消除痘疤。一般医疗美容机构只将果酸应用在脸上，单次治疗价格往往就在数百元上下。但是很多油性皮肤的人群背部痤疮也很严重，而且面部的果酸焕肤剂酸性很强，我们自己很难掌握好药剂在身体上停留的时间，容易造成伤害。下面给大家介绍一个小妙招，不但价格亲民，而且安全简便，在家里就能给身体"换肤"。原料：苹果果醋 200ml、蒸馏水 1000ml。将两种液体混合摇匀，灌入喷壶中。沐浴期间，在用沐浴产品清洁过身体以前，将配置好的溶液均匀喷在痘痘、痘印分布多的皮肤上，在皮肤表面的停留时间不宜过长，3 分钟左右冲洗干净即可。大约一周进行一次。注意有皮疹或伤口内的地方要避开。

美白泡浴方 全方位的美白是亚洲女性一生的追求。而牛奶这一常见的材料也早就被大家应用在日常的美白护肤中了。牛奶确实方便好用，单将牛奶混合在洗澡水中泡浴即可。但有一部分人对于牛奶等异体蛋白不适应。下面给大家推荐一个美白的中草药小配方。绿豆、百合、冰片各 10 克，滑石、白附子、白芷、白檀香、松香各取 30 克，将以上药材研末入汤，泡浴 15 分钟左右，坚持每周使用一次，可使皮肤白润细腻。

清凉泡洗方 夏季空气湿度大气温高，人们多汗，皮肤总会觉得黏腻，且易生湿疮。下面的小配方可以达到清凉止痒之功效。将金银花 15 克、菊花 15 克、薄荷 6 克以 2 升水煎煮，10 分钟即可。将煎好的汤液纳入洗澡水中泡洗即可。

祛毒药浴方 痘痘肌的人群出油多，长痘的地方有的疼有的痒，这个治痘药浴方大家可以试试。主要成分：白鲜皮、桑叶、菊花、地肤子、独活、蛇床子、苦参、皂角、金银花、白蒺藜各 5 克。不仅能缓解痘痘，对各种热毒引起的皮肤病有很好的疗效，使用之后令人舒适、清爽。

手足也要美俏俏

在做好身体大面
积的躯干和四肢护理后，细
节也不容大家忽视。相信没有人
不羡慕十指尖如笋，腕似白莲藕的芊芊
玉手，以及白嫩的双脚。

怎样拥有这样的双手双脚呢？及时给手部肌肤补充水
分，防止它产生细纹皲裂。平时，我们可以选择在每次洗
手后涂抹护手霜。每周或隔周用磨砂膏给双手双脚做一次
去角质，再做一次手膜或足膜护理。使用频率可以按产品
的说明书使用，也可以按照自己手部皮肤的干燥程度来定。
不过无论怎样也不能使用的太过频繁。大家要知道，健康
完整的角质层是我们皮肤的天然屏障，不要因为过度的保
养反而破坏掉它，这样做是得不偿失的。

护手产品 与润肤霜大体类似，有的会添加更多水杨
酸的成分，使其更有效地防止干裂情况的发生。手部的磨
砂膏一般比身体的磨砂膏颗粒要细腻，但是成分大体一致。
足部完全可以使用身体部分的磨砂膏。手膜及足膜有直接
穿戴式的，用后也可以不用冲洗，非常方便。也有比较传
统的涂抹式的，需要在皮肤上停留几分钟再冲洗干净。现

代的护肤科技为了迎合大家紧张的生活节奏，护肤品可以做到多能及速效，将护肤的步骤化繁为简。因此，现在越来越多的手足膜将去角质及美白滋养多种功能融合在一起，短短几分钟将所有诉求都达成。

指缘油 更加追求完美一族，还会使用指缘油，让自己的指甲边缘润泽光滑没有肉刺。好的指缘油没有加入人工香精，使用天然的羊毛脂，或者植物油脂，比如玫瑰果油、牛油果油。建议大家在选择购买时，还是要选择专业的美甲品牌。

护手秘籍 手是女人的"第二张脸"，如何有效呵护这张脸呢？

有的女性朋友在选用护手霜时选用价高的产品，这本身无可厚非，但是使用次数却是至关重要的。建议多备几支护手霜，可分别放在洗手池旁、床头柜上、办公室抽屉里、工作服衣兜里、手包里，确保洗完手就使用，才是最重要的。

另外，晚上临睡前一定使用护手霜。在睡前使用护手霜，能使护手霜成分在夜间充分发挥，早晨起来就会拥有白白嫩嫩非常漂亮的双手啦。

护足宝典 拥有漂亮的双足，夏天穿上漂亮的凉鞋美美地逛街，这是许多女性朋友所期望的，但是双脚如何护理却成了一个难题。我的建议是，晚上洗完脚后一定擦护足霜，如果没有专门的护足霜，使用面霜或护手霜都可以，关键是要按摩吸收，足部的很多穴位在按摩吸收的过程中也得到了有效刺激，能够加强新陈代谢。按摩完毕穿上松口的棉袜，然后美美地睡觉即可。一个月以后就可以拥有美足啦！怕冷的女性朋友更要这样做，还可以改善怕冷失眠的症状呢。

唇部护理不可少

光润的嘴唇是健康表现的一部分，如果面部皮肤美丽透亮，但是嘴唇焦枯脱皮，无疑会给美丽的形象大打折扣。

基于唇部特殊的结构，对于唇部的保养诉求是：保湿，舒缓，抗炎。

唇部干燥的原因 拥有健康湿润的嘴唇，并不是一件简单的事情。唇部的问题大多表现为干燥，产生干燥的原因有哪些呢？

①不合适的润唇膏 很多女性一到冬天就会有一种唇膏越涂越干、越干越涂的感觉，陷入某种恶性循环，让人怀疑自己是不是体内缺水很严重，或者是对唇膏产生了某种依赖性，但又不知道该如何摆脱这种窘境。润唇膏的成分一般包括矿物油、色素、香料等，这些东西有时可能吸附空气中的灰尘，吸附灰尘的同时还会吸收水分，这些水分一半来自空气，一半就来自嘴唇本身。而当润唇膏涂在嘴唇上太厚，嘴唇的皮肤就不能自己调节进行自我保护，时间久了嘴唇干裂就会更严重。

②不合适的口红 劣质的口红、唇膏都可能引发唇炎，

一些产品中含有丙基乙二醇、水杨酸盐之类刺激性成分的也需要注意。唇炎的表现是唇部干燥、发红、肿胀、脱皮，甚至起小水疱，有的伴有发痒。无论你有多喜爱你的唇膏，一旦有唇炎迹象就该考虑停用了。

③不合适的牙膏　作为表面活性剂的十二烷基硫酸钠、吐温等，作为防腐剂的苯甲酸钠，作为香料的肉桂醇、肉桂醛、秘鲁香脂，预防龋齿的氟化物，茶树、蜂胶等天然动植物萃取成分，都有可能作为变应原刺激唇部黏膜，造成唇炎的发生。

④长期日光照射　如果仅下唇出现弥漫性红肿、脱屑，且长期从事室外工作，皮损严重程度与光照强度正相关，就要考虑是紫外线导致的光线性唇炎。光线性唇炎是一种慢性癌前期病变，皮损可能恶变成鳞状细胞癌，恶变率高达 16.9%，应引起足够重视。

正确选择使用产品

①专用产品卸妆　在使用唇膏后，应使用专门的卸妆产品卸除唇部的彩妆，包括唇膏和唇彩，因为唇部以黏膜组织为主，如果使用普通的为皮肤设计的卸妆品，一是容易刺激黏膜，二是卸妆不彻底，残留的彩妆成分会使唇部颜色越来越深。

②定期去除死皮　唇部也和皮肤一样，有正常的表皮更替，产生老废角质，表现就是翘起的干皮，这时千万不能撕除干皮，那样会导致唇部出血。正确的做法是用纯净水将唇部浸湿，然后涂天然油脂，如橄榄油、香油等，也

可使用蜂蜜，厚涂于唇部，待 5 分钟后用纯净水冲洗净，再涂润唇膏即可。

③晚间使用护唇膏　白天会经常喝水，还有吃东西都会导致润唇膏的脱落，补涂是一件非常麻烦的事情。晚间就不同，一般不会喝水吃东西，因此能够使润唇膏的滋润成分充分发挥，早上起床就能够看到足够滋润的唇部。常见的滋润成分有：牛油果树果脂提取物、霍霍巴籽油、澳洲坚果籽油、坚果籽油、橄榄油、茶树油、乳木果油、生育酚（维生素 E）、角鲨烷、凡士林、羊毛脂、棕榈酸乙基己酯、肉豆蔻酸异丙酯、蜂蜡等。

④使用防晒护唇膏　紫外线也是产生唇部损害的元凶，因此使用带有防晒功效的护唇膏，一般为 SPF4~15，能够更加有效保护唇部，使整个面部看起来更加健康美丽。

⑤四季产品有差别　有很多女性朋友买了大牌的网红产品，使用效果却不尽人意，不是感觉油得太厉害就是滋润度不够。其实这种感觉和产品的成分及气温有关系。润唇膏的滋润成分除了油类之外，还包括蜂蜡，这种成分的特点是形态随温度的变化而变化，夏天温度高就会呈浓稠液态，冬季气温较低就会接近固态，因此感觉夏天用得油感大的不妨放到冬天使用，可能效果就变好了；冬季使用觉得膏体难以涂布均匀的，夏天使用可能就正合适了。

⑥唇色太深可遮瑕　如果嘴唇颜色偏深，涂口红显色

不满意，可以通过遮瑕产品来修正纯色，达到满意的显色效果。具体做法是：使用唇部专用遮瑕笔来改变唇色，也可以使用普通遮瑕笔或流动性好的遮瑕产品，先从嘴唇最外缘框出唇线，再用指腹将遮瑕液往唇中心中央轻轻拍打，这个动作一方面可以避免直接在唇心擦拭遮瑕产品而产生明显唇纹。若是唇色太深，建议唇部遮瑕后，再用裸色的唇线笔涂满双唇，然后再上口红或唇蜜，就可以呈现持久且漂亮的唇色了。

都是沐浴惹的祸

请问各位女性朋友，大家都会洗澡吗？大家一定觉得这么问是多余的。其实不然，不同的人洗澡沐浴的方式是有区别的，不正确的沐浴习惯不但不能护肤，反而会加重某些皮肤病，甚至是制造皮肤病。

搓澡的力度 很多人有用搓澡巾搓澡的习惯，她们认为只有看到大量的死皮从身上掉落下来才认为自己洗干净了。但是大力过度的搓澡对皮肤是有很大伤害的，会造成皮肤的微小裂隙，病毒就会乘虚而入，在裂隙部位大量繁殖，发生病变。因此，洗澡时的搓澡要适度才好。

洗澡后的处理 中年人和年轻人的皮肤状态是不一样的，年轻人皮脂腺功能正常，分泌的皮脂构成皮肤屏障，维持正常保湿等功能。人到中年以后，皮脂腺数量减少，功能减弱，皮脂分泌减少，因此皮肤屏障受损，保湿功能减弱，容易发生皮肤干燥和瘙痒。所以洗澡频率不宜太勤，每次时间不宜过长，同时尽量避免使用偏碱性浴液或肥皂，浴后一定擦润肤乳液或霜剂。尤其是浴后积极足量的使用润肤剂改善皮肤屏障功能。人们现在生活条件好了，一定记得为自己选一款合适的润体霜。

在这里还可以告诉大家一个简便的自制润肤露的小方法。将凉白开水或者矿泉水和使用橄榄油 1:10 左右混合外用，使用前轻轻摇晃混合即可。因为取材方便，而且价格低廉，还可以随用随配，适用于皮肤干燥瘙痒的朋友们。

护眼也要有法宝

"眼睛是心灵的窗户"这句话大家都不陌生，那么怎样保养眼部的皮肤呢？

眼部皮肤生理特点 由于眼部皮肤是人体最薄的皮肤之一，眼部皮肤表层的厚度仅是面部的1/5～1/3，眼部周围只有皮脂腺和变态汗腺，它只有独立的汗腺而没有皮脂的分布，故眼部皮肤容易失去弹性，较易受外在因素影响而出现过敏，甚至出现提前衰老现象。眼部周围的神经纤维及毛细血管分布密度很高，令眼部周围的循环及淋巴系统运行较慢，容易造成眼部的疲劳感，而血液循环不畅会造成淤血，导致眼部暗淡。诸多的问题需要眼部护理产品来帮助解决。

眼部护理产品的成分及功效

①修护抗皱 和面部护理产品相类似，修护和抗皱是眼部护理产品最重要的功能。眼部的皮肤薄嫩，容易缺水和产生皱纹。修护抗皱功效的产品主要含有维生素A衍生物、维生素E衍生物、胜肽类、辅酶Q10、SOD、植物提取物（葡萄、绿茶、人参）等。

②促进眼周血液循环 眼部血液循环及淋巴循环都运

行较慢，造成淤血，产生黑眼圈、眼袋等问题，咖啡因、山金车等成分可促进眼周血液循环，改善浮肿，减轻由于血液循环不畅造成的淤血，有效改善黑眼圈和眼袋。

③美白　眼周皮肤颜色暗淡，除了需要促进眼周循环，还需要美白成分维生素C衍生物等来改善。

④保湿　眼部周围只有皮脂腺和变态汗腺，它只有独立的汗腺而没有皮脂的分布，因此水脂膜对眼部皮肤的保护作用很小，眼周皮肤容易干燥缺水，需要透明质酸、多糖类、植物来源脂肪酸（红花籽油、牛油果、橄榄油、甜杏仁油）、神经酰胺、卵磷脂等保湿成分来进行滋润呵护。

⑤即时减缓表情纹　已经形成的皱纹可以通过神经阻断剂乙酰基六肽可以放松表情肌来暂时得到改善，是即时起效的成分。

眼部的日常护理　使用眼部专用卸妆产品将眼妆卸除，轻柔清洁后，外用眼部精华（必要时）和眼霜。眼部滚珠可以用于中午休息时，可恢复眼部疲劳，即时改善眼部缺水状态。眼膜可用于眼部的精细护理，两至四周使用一次即可。

眼部的遮瑕　经常使用电脑的白领一族，使用眼霜消除黑眼圈是比较困难的一件事情，那么遮瑕就很重要了。使用合适的遮瑕液产品和正确的手法，是可以达到预想效果的。

①步骤：先中和，用橘色打底。橘色可以中和掉眼下的青咖色，用量不需要太多，通常都是用自带的小刷头画两道就好，然后用手指拍匀；再提亮，用适合自己肤色的

遮瑕液叠在黑眼圈上，方法和刚才的橘色遮瑕液一样，用自带的小刷画两笔，然后用手指拍匀。这时就能够看到效果了。

②遮黑眼圈时，一定要从下往上涂遮瑕膏，下笔要在黑眼圈的最下沿，然后再往上拍匀，最忌从靠近眼睛的地方下笔，然后往下晕。

③如果有泪沟和眼袋的话，要从泪沟或眼袋的凹陷处下笔，尤其是提亮的步骤时。如果凹陷比较深，可以用小号遮瑕笔代替手指在凹陷处涂匀，会比用手指拍匀的遮瑕效果更强。

避免眼部护理误区

①涂抹眼霜时大力按摩　眼周肌肤是很薄很脆弱的，很容易就受到外界环境伤害，同时也很容易因为肌肤的拉扯久而久之肌肤松弛下垂。很多朋友的保养意识很好，知道要尽早护理眼周，但有时反而会过犹不及。因为她们在涂抹眼霜、按摩眼周时若手法不够轻柔，就会造成皮肤拉扯，日积月累松弛和细纹是在所难免的。最后要搓热双手掌心，敷住双眼，用温度来加速眼霜吸收和血液循环。

②食物原料 DIY　生土豆切片敷眼、苹果片敷眼、化妆棉泡牛奶敷眼……这些口口相传的民间偏方相信大家都见过甚至亲身尝试过，但这种道听途说的方法其实并不能解决问题，只是把一些没有精细处理过、仍然携带着细菌的食物，敷在全身皮肤最脆弱的地方，增加眼周负担而已。这些食品即使真的含有对改善黑眼圈

有益的活性成分，但未经精萃提取，不具有渗透性眼部肌肤是无法吸收那些有益成分的，对色素沉着没有改善作用，对血液循环也没有帮助，最多仅能做到即时补充水分这一项而已。

③多敷眼膜　大家都知道过度敷面膜会造成皮肤表层过度水合，令皮肤状态极其不稳定，对外界的刺激越来越敏感并最终导致皮脂膜不健康。这个恶性循环同样适用于比脸部肌肤更薄更脆弱的眼周肌肤，而且过度敷眼膜造成的恶果比过度敷面膜还要严重。其实只要有不错的护肤意识，从 20 岁甚至更年轻的时候就开始坚持眼周护理，维持住 20 岁双眸的状态，并避免以上所说的误区，如此坚持下来是可以留住年轻的，并不需要整天敷眼膜这种额外护理。作为深层保养，建议眼膜最多一周两次就好。

④护眼神器痔疮膏　不知从什么时候开始，痔疮膏就被万能的网友们拿来各种发挥，被赋予了各种神奇的功效：去眼袋，消黑眼圈，一涂见效，物美价廉……这也是流传了很多年的一个所谓"护肤小窍门"。痔疮膏中确实有一些药理作用貌似和眼霜相同，但是眼部的皮肤毕竟和肛周不同，前者非常薄、也因此更加敏感脆弱，这些药物成分有很多都会对眼周肌肤产生刺激，只会让你眼周的状况变得更糟糕。

7

淡妆浓抹总相宜

古人妆容多烦恼

从古至今，"美"一直是人们津津乐道的话题和孜孜不倦的追求。那么，古人又如何满足自己那颗"爱美之心"呢？

纵观我国美妆史，不同时代人们的审美观也不相一致，甚至有的可以称之为"奇葩"，比如唐代流行一种"炫酷"的妆容，官中一位美人，在随天子饮宴的场合，用野花簪在鬓边代替首饰，不画眉、不贴花钿，而是在眼睛上下画了几道红色或紫色的弧纹，居然受到了在场男子的追捧，后被称为"血晕妆"，并且广泛流传了出去。无独有偶，元代女性有一种"黑齿"的时尚，美人擦脸、画眉、染甲后，却将贝齿染成黑而闪金之色，不过这仅是一些另类的造型，并未影响我国美妆的大趋势。

历代古籍中就多有面脂、口脂、手膏等护肤品，粉、胭脂、头油、蜡胭脂、红玉甲等化妆品的相关记载。化妆的几大基本环节包括白香粉涂面，红胭脂饰颊，朱绛点唇，墨色画眉和芳泽涂发。

香粉 古代女性普遍注重皮肤的修饰与养护，白天涂粉用以修饰颜色、增香添彩，夜间沐浴后又将全身涂粉以作睡中淡妆及夜间修护，各个阶层的女性都可以根据其经济能力来选择或制作，因此香粉品质良莠不齐，无论是原料还是制作工艺都能存在很大的差异。《太平广记》中有一个故事讲述了荒野旅店中一妇人招待旅客，不要钱财，而是委托客人为其购买首都建业才出售的优质化妆品，后来客人托朋友将香粉、胭脂带去，原来的旅店之处却是一座神女庙，可见当时的优质粉脂具有多大的魅力而又难以得到，竟引得仙女下凡，还得托人代购。

胭脂 早在古代，中国女性就知晓以红粉覆面来改善面色，原料、配方也是选择颇多。东汉时期，西域一种叫做"燕支"的可做染料的植物流传入中原，就是大家熟知的"胭脂"的最早来源。如今，胭脂已经成为了化妆粉的统称，用于两颊者相当于现在的腮红，虽然古今女子都用，但使用起来可是不太一样哦。古代女子要先用温水将适量的胭脂调开，涂于掌中，颜色满意时，再涂于两颊，而我们打腮红时，直接用粉刷沾取喜欢的颜色轻涂于面颊就好，方便很多。再者，古人妆粉很厚，而那时的胭脂香粉又不具有现代化妆品吸附性好、防水的特点，如此一来，酷暑时节美人的多汗面颊可就"绚烂多彩了"，而动情的落泪之时就更加不难想象，晶莹的泪珠一出眼眶，就与大量妆粉混合，也就有了"胭脂泪"

的说法，欧阳修《阮郎归》中"泪红满面湿胭脂，兰芳怨别离。"就是描述了这一现象，而且抑制不住的泪流满面，还会沾染手帕、衣物等，如《木兰花》"坐看落花空叹息，罗袂湿斑红泪滴。"

　　妆容对于女子来说，是一件非常重要的事情，虽然古时化妆品制作工艺复杂、购买不便、使用麻烦等，但丝毫未削减佳人们对美丽的热情。那么，作为现代女性的你，又有什么理由对自己的美丽降低标准呢？

前世今生化妆品

世间美妆，源远流长，无论时光的变迁还是朝代的更替，都丝毫不能影响人们对化妆品的追求、探索和进步。

第一代 是使用天然的动植物油脂对皮肤做单纯的物理防护，即直接使用动植物或矿物来源的不经化学处理的各类油脂。古埃及人在4000多年前在宗教仪式上、干尸保存上以及皇朝贵族个人的护肤及美容上使用了动植物油脂、矿物油及植物花朵，古罗马人对皮肤、毛发、口唇等部位精心保养，那不勒斯地区成为香业中心。我国最早的化妆粉是将新米浸泡后磨浆，再发酵沉淀所制成的米粉；而后炼丹术的兴起使有着"铅之精华"美誉的铅粉备受青睐，逐渐代替米粉。后来化妆品种类和成分逐渐增加，如外来的"燕支"花叶捣汁、凝脂后装饰面颊颜色；益母草灰、石膏粉、珍珠粉等制成敷面香粉以美白养颜；兰草等植物香料浸油、煎熬后得到头油用来护发定型等。

第二代 是以油和水的乳化技术为基础的化妆品。随着知识的扩充、技术的发展和外来文化的冲击，化妆品广泛开启了"化工"模式，大量化学合成物质占据了化妆品的主要成分表，最主要的是一些硬脂酸纳、硬脂酸钾、十六醇、十八醇等脂肪族化合物，如当时很流行的"雪花膏"主要成分便是硬脂酸、碱、水和香精等。因化学成分为主的化妆品有着纯自然成分无法比拟的速效性，于是这一阶段大大推动了以矿物油为主要成分，含香精、色素等多种添加剂的化妆品的发展，虽然化妆品导致疾病的问题时有发生，但并未引起各界人士的高度重视。

第三代 是添加各类动植物萃取精华的化妆品。时至现代，为了进一步提高产品效果，生产者不惜加入越来越多甚至超标的激素、重金属等物质。所谓物极必反，消费者爱美之心的高度膨胀和化妆品厂商的急功近利犹如一支灭火器迅速浇灭了化妆品行业高高燃起的烈焰，化妆品成分对皮肤乃至人体健康造成的伤害已经成为了关注的焦点，因此，回归自然又成为了化妆品发展的新趋势。这一阶段，化妆品呈现化学和天然成分的融合状态，目前天然萃取技术已经成熟，业界广泛提倡以动植物油代替矿物油，添加天然香料及色素等，并提取果酸、花朵、木瓜、芦荟、海藻、皂角、中草药等天然植物精华或玻尿酸、羊胎素、深海鱼油等动物体内的营养成分加入到化妆品中，以期达到更好的滋润修复效果。

第四代 是仿生化妆品，即采用与人体自身结构相仿并具有高亲和力的生物精华物质并复配到化妆品中，以补充、调节和修复细胞因子来达到抗衰老、修复受损皮肤等功效，这类化妆品代表了二十一世纪化妆品的发展方向。紧随科技的进步，研发人员又采用生物技术提取或制造出化妆品用表皮生长因子、胶原蛋白、超氧化物歧化酶及核酸等多种生物成分，经过"生物发酵"方式使植物中含有的少量天然油脂发挥油性作用，植物本身含有的大量氨基酸、植物多肽就是保湿剂，自身的植物蛋白、多糖组成的生物膜比原来添加的水分更有保湿滋润效果，这也将是化妆品发展的一个重大跨越，让我们拭目以待。

成分安全最重要

总的来说，化妆品的原料直接决定了化妆品的质量高低，而原料根据其用途和性能可以分为基质原料和辅助原料。基质原料是构成化妆品的主体原料，比例大；辅助原料比例小，主要用于配合基质原料使用。基质原料是调配各类化妆品的主体，分为油性原料、粉质原料、溶剂类原料和胶质原料四类。除基质原料以外添加的物料称为辅助原料，如表面活性剂、香料和香精、色素、防腐剂和抗氧剂、保湿剂、防晒剂、中草药和瓜果类原料以及营养添加剂等，是为化妆品提供某些功能而添加的。

好的粉底类的品质，由遮瑕度、延展性、防晒水平、保湿度四个部分组成，四种缺一不可。遮瑕度是粉底的基本要求，既要充分遮瑕，又不能妆感太重，否则给人以"假面"的感觉；延展性也是必不可少的品质，如果不能很好地在面部推匀产品，遮瑕的均匀性和防晒的可靠性都会受到影响；防晒水平是衡量化妆品对皮肤保护的重要指标，优异的防晒水平可以使皮肤受到良好的保护，避免 UVB 造成的晒伤和 UVA 造成的皮肤老化。

眼妆是全脸彩妆中最为精彩的部分，安全性也至关重要。构成眼影产品原料最重要的就是色料，包含无机矿物颜料、有机染料和珠光颜料，其中无机矿物颜料因为对眼唇的安全性高而含量最多，少量的有机染料可以使色彩更加鲜艳，珠光颜料提供的是时尚的彩妆效果。从综合评价来讲，明确的安全性、鲜明的色彩饱和度、优异的顺滑感、闪耀的时尚感都是优质眼影必不可少的。在这里需要纠正一个概念，那就是纯天然成分未必是最好的，天然的油脂容易氧化变质，也比较油腻，可能需要更多的防腐剂做保护，但是又降低了眼部产品的安全性。建议选购国际级化妆品集团旗下的产品，以求最大限度安全保障。

睫毛膏也是眼妆的重要组成部分，一款性质优异的睫毛膏有以下特点：防水抗晕染、易刷不结块、不刺激、增长效果好、浓密效果好、快干。从剂型上看，水包油的乳化剂型温水可以卸除，但是防水抗晕染效果就不好,这本身就是矛盾的;添加油脂成分，可以使睫毛膏顺滑易刷不结块；小分子硅油可以使睫毛膏快干，大分子硅油可以使睫毛膏防水。

胭脂腮红类产品，无机和有机颜料均可使用，同时添加云母实现闪亮光泽的时尚感觉。有的产品使用酸性红 92 这种红色染料，特点是色度会根据皮肤的 pH 值的变化而发生变化，为消费者带来有趣的使用感受。

唇部彩妆用品包括唇线笔、固态唇膏（口红）、液态唇膏（唇彩、唇蜜和唇釉）。唇线笔与眉笔原料基本相同。固态唇膏由脂、油、蜡类原料作为基质，染料和染料溶剂、颜料作为着色剂而成，同时唇部用品的甜美气味也是爱美人士考虑的因素之一，故香精也是必不可少的成分。液态唇膏质地比固态唇膏更稀薄，光泽度、滋润度更高，其主要成分有可塑性物质（乙基纤维素、聚乙烯醇等）、溶剂（酒精、异丙醇等）、增塑剂、颜料及香精，颜料多选择珠光颜料，使唇色更闪亮。相对而言，固态唇膏的基质原料硬度较大，油质成分少；液态唇膏中甘油等滋润成分较多，且含酒精溶剂，待酒精挥发后会在唇部形成一层鲜艳亮泽的薄膜。故液态唇膏的滋润性和光泽性往往优于固态唇膏，所有正常的唇部状态都适合使用，而唇部干燥或有脱皮现象的人如果需要使用固态唇膏，则尽量与无色润唇膏配合使用。

完美底妆要通透

　　一款完美的妆容，需要建立在自然剔透的底妆之上。底妆作为彩妆的首要基础环节，起到了改善肤质感观、修饰肤色等作用，并为后续彩妆提供了保障。好的底妆可以令肌肤显得细腻光滑，直接影响妆容的整体效果。在完成妆前的清洁、护肤后，就可以进行底妆工序了。

妆前产品

　　①隔离霜　是化妆的第一步，其实不是用来隔离彩妆保护皮肤（尽管很多广告是这么写的），是帮助调节肌肤水油平衡，其中含有的成分主要作用是增加角质层水含量，恢复水润感，填平毛孔和瑕疵，调整、提升肌肤的柔软与光泽度，看起来充满弹性，并且有助于底妆的展延与附着，使上妆更加容易、均匀并防止脱妆。把底妆效果提升档次，是当之无愧的幕后英雄。当然，隔离的选择也要结合自己的肤质，以使用后的感觉为主要判断依据，有的隔离产品虽然质地轻盈，也适合干皮和冬季使用。

　　②饰底乳　这类产品日韩最多，有些带有防晒功能，有些没有。建议根据需要，在需要修饰的部位少量使用即可。

因为这种产品一般采用对比色原理，如黄皮肤用紫色，红皮肤用绿色等，这样调和出来的结果往往容易产生"死白"的效果，有时候调不好或选错颜色还会变成灰白或发青，通常不建议大面积使用。个人觉得黄色和粉色是比较适合东方人的颜色，可以考虑，紫色和绿色的使用要摸索用量，局部使用，且应该根据个人需要来调整。还有一种珠光饰底乳，用在粉底液之前能够增加光泽度，与粉底液调和能增加明亮感，但也仅限于局部使用，否则会有视觉膨胀作用，显得脸大。

粉底

粉底主要用来修饰肤色，使肤色显得自然、均匀，粉底颜色尽量选择与自己肤色最接近的，其实也可以买两种颜色接近的粉底，根据需要调和使用，这样就不会为色号的选择而纠结，且四季颜色有所差别，面颊和额头及下巴的颜色也有所差别，会让整体妆容显得更有立体感。选择粉底时，要看妆感细腻，保湿度、光泽度、遮瑕力如何，妆效是否假面，还有卸妆后皮肤状态是否良好。

常见粉底类型大致包括粉底液、粉底霜、粉底膏和粉饼等。

①粉底液是粉底中质感最轻薄的，配方较轻柔，有的水分含量较多，油性成分含量很少，润泽型粉底液油分含量较高，两种粉底液均易涂抹，与皮肤贴合度好，使皮肤自然爽滑，但遮盖力就略显不足，适合肤质较好的女性朋友化淡妆用。粉底液也分肤质，有些标明"long lasting"一般含油分较少，比较适合油性、中性皮肤的朋友们；干性皮肤的朋友们就要选择添加了滋润、保湿成分的滋润型

粉底液，否则很容易浮粉，妆面就会看起来很假很脏。

②粉底霜　属于油性配方，遮盖力强，能对细小的干纹和斑点起到掩饰作用，让上妆后的皮肤光泽度更好，皮肤感觉更滋润，但长时间使用容易阻塞毛孔，且妆容不如粉底液自然，使用时需注意用量。粉底霜中的滋润成分较多，适合熟龄肌肤及干性皮肤。粉底霜的遮盖力较高，建议一次不要使用太多量，要先取少量粉底霜大面积推匀全脸，再于不足处补充即可。

③粉底膏　大多数做成条状，也称"粉条"，是最资深的粉底产品。含油脂量较多，质感较前两者略厚重，遮盖效果好，能更好地掩饰毛孔。适合干性皮肤或干燥环境下使用，为了防止浮粉，使用时应适当配合潮湿海绵软化粉底，充分混合后薄推于面部，涂抹均匀、自然，或者以粉底液搭配粉底膏使用。

④粉凝霜　粉凝霜是一种转换形态粉底，由于霜状产品在面部推抹时水分挥发形成粉状粉底。因此在使用时必须快速且大面积推开，才不会产生不均匀的粉块，并且要顺着皮肤纹理轻轻推抹，才不会把粉推到细纹里，出现卡粉现象。大部分的粉凝霜添加了挥发性成分，因此保湿功能相对不足，不建议干性肌肤的女性朋友使用。

⑤粉状粉底　粉状粉底常见于欧美国家的产品，是专门为油性皮肤开发的底妆类产品。油性皮肤出油出汗多，毛孔粗大，如果使用液体或膏状底妆产品，或多或少都会含有油分，存在加重出油长痘的

危险。而粉状粉底产品不含油脂，粉体细腻，附着力强，使用专用粉刷延展性好，可使粉体在皮肤表面均匀分布，有效均匀肤色，改善肤色不匀、油光和斑点瑕疵，遮盖毛孔，是油性肌肤的好伴侣。使用时一定注意要使用专门的粉扫才能保证粉体均匀，妆容自然，不易脱妆。粉状粉底步骤之后建议用散粉定妆，如果使用粉饼，容易看起来妆容厚重不自然。

⑥气垫粉底　是近几年流行的粉底，起源于韩妆。气垫其实是一种专利的容器技术，将粉底液通过真空压力技术注入到拥有100万个气孔的海绵气垫中，大大提高了保湿度、细腻度和新鲜度，并且通过海绵气囊的二次弹压作用，令出来的液体均匀轻薄，与肌肤完美贴合。

⑦BB霜　BB霜是Blemish Balm Cream，在宣传上号称是多功能产品，在具有粉底液的润饰遮瑕功效的同时，还具有隔离的防晒能力，以及简单的皮肤保养功效。从科学观点来看，遮瑕、润饰的功效依赖于有遮盖功效的粉状物质，为了保证延展性会加入有润滑效果的粉状物及油脂等，还有修饰肤色的颜料粉，这些物质在皮肤表面形成彩妆薄层，能够抚平细纹、遮盖毛孔、掩饰痘疤、提亮沉暗的肤色、弱化眼袋，但这些物质同时会使BB霜中的活性成分的吸收受到很大影响，无法发挥养肤作用。因此，个人认为，BB霜适合护肤化妆时救急使用，不宜作为常规程序。

⑧CC霜　CC霜是Color Control Cream，最初是为修正术后肌肤不均匀所设计，尤其是进行皮表面创伤及激光

治疗术后的人来使用，故被称为"色彩调控霜"，能提供受损较严重的皮肤保护及修护效果，并兼具视觉上调正肤色的特点，因此闻名。CC霜是根据亚洲人的肤质特别研制的美白保湿裸妆霜，主要用于敏感问题肌肤的皮肤修复调色之用，兼备裸妆调色功能的护肤品。CC霜适合的是肤质瑕疵较少，但是想要让肌肤更通透自然的这类人群使用。从颜色上看，CC霜一般都会偏白，不如粉底液肤色自然。像是加了乳液或精华的粉底，因此在上脸时更加容易涂均匀，对上妆手法的要求更低；更快捷方便；粉感更少更服帖，效果更自然；但同时精致度和遮瑕度也更低。所以很适合对底妆的完整度要求不高时，赶时间时，或新手使用，而如果你想要一个精致完整的底妆，还是要靠粉底的。

遮瑕

别看遮瑕类产品都是小小的一支，但对于整个妆面的作用却不可小觑。遮瑕膏可以看做是一种浓缩度很高的粉底，质地黏稠厚重，可以遮盖皮肤上的色斑、痘印、细小的皮肤凹陷与萎缩、疤痕、胎记等，也能悄悄抹掉黑眼圈，修饰眉形等。想让整个肌肤，尤其是问题肌肤的妆面显得完美无瑕，秘诀就在遮瑕这一步上。遮瑕一定在粉底后使用，选取少量与皮肤或粉底颜色相接近或稍深一些的遮瑕产品，涂于被遮盖处，轻拍涂抹均匀，使遮瑕产品的边缘和底妆自然融合。一般鼻翼两旁和口唇周围，建议使用遮瑕笔，而其他部位用遮瑕膏即可。

定妆

①散粉　散粉为松散的粉末状，因其中含有滑石粉精细末，对面、颈等上妆部位分泌的多余油脂和汗液有很好的吸收作用，减少妆面油光感，使皮肤具有哑光效果，但没有遮瑕功效，主要用于定妆。散粉中的每一颗粉质粒子都是可以滑动的，可以自动掩盖细纹，更均匀地附着和铺展在皮肤表面，柔和地反射来自每一个方向的光线，使皮肤看起来透明柔和，如天鹅绒般细腻。正确的用法是：在粉底打好之后，用粉扑或大号化妆扫蘸取散粉敷在脸上。注意蘸取少量散粉后将粉扑轻轻揉搓，使上边的粉体分布均匀，然后轻轻按压于面部。使用化妆扫时，蘸取散粉也要少，轻拂面部即可。

②粉饼　就是在散粉中加入成型剂或黏合剂，挤压在金属盘中，配合带有化妆镜的粉饼盒制成的。造型小巧可爱，便于携带，且使用时不会飞粉，因此广泛流行，因具有一定的遮瑕功效，所以主要用于补妆。其中水粉饼，是霜与粉的结合，质地较为清爽，适合油性肤质或夏天使用，且具有防水、耐汗、耐油的功效，不容易脱妆。两用粉饼，多重功效，非常适合简易补妆，干用具有亚光散粉的作用，能随时修饰妆容；湿用可以起到代替或补充粉底的作用，可以维持带妆时间。但经常使用会使皮肤变得干燥，故适合油性及中性皮肤使用。

此外，粉底类产品都需选择合适的工具，如粉底刷、上妆海绵、粉扑、粉扫等，使用专业级的工具，才有可能画出清透、服帖、自然的底妆，为后续的彩妆打下良好的基础。

彩妆产品晒一晒

有了精心打造的底妆后，我们终于开始了彩妆的部分。彩妆，顾名思义，就是在底妆基础上，利用带有鲜明色彩的化妆产品及工具进一步修饰、美化容颜。彩妆范围很大，广泛覆盖生活妆、舞台妆、宴会妆等等，可根据个人职业及需要进行选择。合宜美丽的妆容能大幅提升个人形象，使大家轻松应对各种场合并且更具魅力与自信。

腮红 主要用来修饰肤色、改善气色，打造"白里透红"的健康效果，色彩浓淡可根据妆容的要求灵活应用，一般生活妆中不宜太浓。

①粉状腮红　是最早出现的腮红，日常使用频率最高，容易涂抹均匀，晕染范围比较容易控制，特别适合化妆新手，但粉质较干，适合油、中性肌肤使用，是在定妆后使用的腮红。腮红颜色可以参考整个妆面的色调来决定，最好是与眼影、唇膏同色系的。用大刷子蘸取适量腮红，轻按在面颊正面偏上的位置，随后由前向后涂刷，用刷毛的侧面接触皮肤。"轻"和"顺势"是成功的关键。干性肌

肤的朋友们使用前一定要做好保湿工作，否则容易浮粉。

现在有一种"蘑菇头"腮红，它们大都也是以粉质的状态存在，因为直接包裹在细腻的海绵头里，所以色彩和质地会更加柔和自然，也会更贴合肌肤，如果是干性皮肤不妨尝试一下"蘑菇头"吧。

②液状腮红　少油或不含油，适合油性或偏油性的肌肤使用，流动性好，涂抹时要注意用量，控制晕染范围。干性肌肤的女生，用液体腮红不容易卡粉，且显得十分自然，有种肌肤自然透出来的粉嫩感。

③慕斯腮红　质地清薄，颠覆了粉状与膏状腮红的传统。慕斯腮红的灵感来自肥皂泡泡，虹光色彩与湿润的触感，使用时如丝缎般的光滑质感，就如同你的第二层肌肤般细致、柔嫩。腮红的上妆重点是不夸张，若隐若现的红晕感营造出一种如果冻般的娇嫩可爱。适合偏油性的肌肤使用，以少量多次的方式覆盖涂抹。

④膏状腮红　含有油脂，适合中、干肌肤使用，容易将色彩服帖地上在肌肤表面，使妆容更自然、更持久，比较适合在隆重的场合使用。打好基础粉底后，先不用散粉定妆，直接在两边颧骨抹上膏状腮红，用手或小海绵轻轻涂开，让其与周围肤色粉底的过渡尽量自然，浓淡适中，最后用手掌轻拍，使腮红更服帖，此时方可使用散粉定妆。膏状腮红的缺点是妆效较重，需要严格控制用量。

眼部彩妆

①眉部　眉毛是眼睛的框架，它为面部轮廓增加立体感，同时可以将一个人的精气神勾勒出来，对妆容起到决定性的作用。画好眉毛不仅能让你的妆容看起来精致，还能修饰你的脸型，因此任何一款妆容，都不能忽略眉毛。

如果眉形不够理想，最好在上妆前先进行修眉，这样不仅能改善眉部轮廓，也有助于眉部彩妆的完成。画眉多数采用眉笔和眉粉。眉毛较稀疏者可以先使用合适颜色、形状的眉笔，勾勒出心仪的眉形，而后用眉刷蘸取相近色彩的眉粉，轻扫于眉上，补充出完整的眉形，并填补眉间不均匀的空隙，使得眉毛整体线条流畅，颜色均匀即可。

②眼影　眼影是搭配服饰最重要的环节，所以眼影是根据服饰来选择的，而且眼影能让您充分感受到化妆的乐趣，因为它不仅能增添眼睛的魅力，还可以改善眼部的轮廓，营造出眼部的立体感，让眼睛更加深邃有神。

进行眼周彩妆前可以先进行眼部打底，保护眼部薄嫩皮肤、增强眼妆效果、延长带妆时间。眼影粉是使用最为普遍的，色彩丰富，容易涂抹，用眼影刷、眼影棒或直接用清洁的手指指腹沾取，涂抹晕染于眼睑处。眼影膏，油脂成分较多，上色容易且附着力较强，可配合眼影粉叠加使用。眼影笔形似眉笔，仅能满足小范围涂抹或补充，不适用于整个眼睑部，且使用后皮肤较干。

③眼线　想要塑造出眼睛大而有神的效果？眼线就是这关键的一步。眼线可以拉长眼部轮廓，塑造眼部立体感，增加双目神采，但也是整个彩妆中最难掌握的一项。眼线膏使用相对简单，且线条较自然，但膏体容易晕染，油性皮肤的姑娘们带妆时间稍长一点就有变成"大熊猫"的可能。眼线笔，相对最稳定，最容易控制，比较适合初学者，但触感不如眼线膏。眼线液，笔头较软，不易控制，稍有不慎就会跑偏，但防水、防油效果好，持妆力强，不容易晕妆，适合手法熟练者。

④睫毛　纤长翘密的睫毛会使我们心灵的窗户显得明亮有神，自然睫毛条件不够完美时，通常会先粘贴假睫毛，因为假睫毛是通过睫毛胶直接固定在眼睑接触眼球处，故睫毛胶一定要选择品质有保证，且黏度适中的。下一步是利用睫毛夹增加睫毛卷翘的造型，应选择大小合适的睫毛夹，切记动作要轻柔稳准，以免伤害睫毛。最后涂刷睫毛膏，乳霜状或液态状睫毛膏是目前普遍使用的产品，以Ｚ字型走法从睫毛根部向尾部涂刷，尽可能适量均匀，不可重复大量涂刷，否则睫毛会显得脏乱，呈现"苍蝇腿"样外观。

唇部彩妆

丰盈的双唇是面部妆容最出彩的一笔，唇部干燥、脱屑者平时要做好护唇工作，妆前可使用唇部磨砂或蜂蜜清除唇部死皮，然后使用油脂含量较多的润唇膏，保护唇部皮肤并维持唇部光泽，防止后续干燥、裂纹。上妆时可先使用唇线笔在上下唇中心定点，沿唇部连接至唇角，勾勒出唇部轮廓。而后根据不同需要，单独或配合使用口红、唇彩、唇釉、唇蜜。口红色泽鲜明浓郁，但光泽度略差；唇彩质感晶莹，既有上色效果，又能增加唇部丰盈、光泽感；唇釉一般清稀无油，可以覆盖在唇膏或唇彩上，增加唇妆的持久度；唇蜜中含细微亮粉，最为光泽闪亮，可以提升唇部晶莹透亮感。先从下唇开始，在唇线轮廓内，自内而外均匀涂抹，上唇同法。

化妆工具要讲究

化妆是一项可繁可简的程序，可以根据自己的需要进行整体上妆，也可以只修饰局部；对妆容的要求也因人而异。

虽然不是每种工具都"凡妆必用"，但无论整体还是局部、精致舞台彩妆还是日常裸妆，化妆工具都起着十分重要的作用，下面我们就来看看完整彩妆需要的各项基本工具。

粉扑 / 化妆海绵

粉扑，也称之为化妆海绵，主要用来上粉底，完成基础底妆工作，又分为湿粉扑和干粉扑。湿粉扑，主要用来上粉底液、粉底霜、粉饼等，也可辅助腮红或唇膏的使用。打底之前，先用清水喷雾将粉扑湿润均匀，以免粉扑吸收粉底中的水分，但也不可蘸水过多，否则会稀释粉底，以潮湿状态为好，然后沾取粉底液或粉底霜进行打底。其中天然材质的海绵，吸水性较好，适合粉底液、粉底霜的使用；合成材质的海绵，吸水性较差，适合粉饼的使用。干粉扑，主要用来上散粉或蜜粉。使用时直接沾取粉状化妆品上妆即可。在蘸取粉饼时，要用大拇指和食指捏起海绵，呈现 U 形来回左右蘸粉，粉才会均匀地附在海绵上，然后放在脸上，而不是推开，这样粉才会和皮肤的油脂融合，避免结块。棉质粉扑，质地柔软，吸附性强，易于定妆；化纤粉扑触感较差，但价格便宜，建议肌肤较敏感的女性们尽量选择棉质粉扑，以免刺激娇嫩的皮肤。

粉扑一般有圆形、方形、三角形、水滴形、葫芦形等多种形状，其差异对部位和上妆效果有一定的影响，例如圆形、方形等虽然能满足整个面部的上妆要求，但更适合在面颊、额头等面积较大的地方使用；水滴形、葫芦形等则可以更贴合的满足眼角、口角、鼻翼等处。

此外，粉扑要定期清洁，最好一周一次，用卸妆乳或中性肥皂、洁面产品等，清洗时动作要轻柔，待粉扑原色显露后，用清水冲洗干净，放置于干燥通风处阴干，不能直接在日光下晾晒，否则容易失去弹性，潮湿环境中则易滋生细菌。当粉扑边缘有破裂碎屑或表面粗糙、触感不佳时，要及时更换新的，建议两个相同作用的粉扑交替使用，可以延长使用寿命。

化妆刷

化妆刷使用范围最大，遍布全脸，种类繁多，根据使用部位和功能大致分为粉刷、腮红刷、眉刷、睫毛刷、眼影棒、唇刷等。散粉刷的体积较大，用于大面积扫匀散粉、刷去多余的浮粉或修饰面部轮廓；粉底刷腮红刷刷头较粉刷略小，重点用于颧骨部位、T 区的颜色修饰；眉刷，修眉时或画眉前将眉毛扫整齐，画眉后顺眉毛方向轻扫，使眉毛颜色更均匀，形态更流畅自然；睫毛刷，在使用睫毛膏后，轻刷睫毛，使粘在一起的睫毛独立分开，有效减少眼妆的脏乱感；眼影棒，头部质感较柔软，类似棉棒，用于涂描眼影，完成眼周的局部上色和多层色彩晕染，也可以沾取眉粉用于眉毛的上色；唇刷，固态、液态唇膏均适用，涂抹时较唇膏更易把控，使唇缘的线条更准确细致，可以单独或辅助上色及修饰唇形。

不管是哪类化妆刷，其品质的关键在于刷毛的质量，较常见的包括貂毛、山羊毛、马毛等动物毛和人造纤维、尼龙等合成毛。动物毛质地较柔软，长期使用不会引起皮肤粗糙等问题，大多接触皮肤的化妆刷都使用该类毛质；合成毛较硬，适合质地厚重的彩妆或是眉部、睫毛部彩妆。此外，每种化妆刷又根据上妆部位设计有不同的大小和形状，使用时根据具体需要选择合适的刷头即可。

各种彩妆大都离不开化妆刷，使用过程中，面部油脂及残留的妆粉很容易附着在刷头上，时间越长，沾染外界环境中的灰尘污物就越多，给细菌的繁殖提供了良好的温床，危害肌肤健康，尤其是彩妆刷，如不及时清洁，刷毛上还会残留各种颜色的妆粉，污染刷头颜色，影响使用，甚至破坏下一次的妆面。因此建议大家每次使用后，用纸巾顺刷毛的方向轻轻将残留的妆粉擦掉。刷毛质地较柔软的化妆刷，如散粉刷、粉底刷、腮红刷，眼影棒，应在使用两至三周左右清洗一次，将成分温和的洗发用品在温水中稀释起泡后（也可加入少量卸妆产品），轻柔地用手将刷头反复清洗，待刷毛原色露出后，再用清水冲净，也可后续再用少量护发素进行柔顺，但要注意冲洗干净。之后，用纸巾或毛巾按压刷毛将水吸干，整理刷毛并平放在干燥通风处阴干即可。刷毛质地较硬的化妆刷，如眉刷、唇刷等，每次妆面完成后用纸巾将残余的彩妆产品擦掉即可，经常清洗反而会使刷毛失去弹性。

假睫毛和双眼皮贴 对于单眼皮和睫毛稀疏、较短的女性们来说，双眼皮贴和假睫毛就是福音啦，它们都是一次性用品，只要平时妥善保存，不沾上灰尘和污物、水就可以了。

睫毛夹 是增加睫毛卷翘感的利器，使用前后要擦拭干净，夹睫毛时要稳，小心不要夹伤眼皮。保存时避免沾水，以防金属部分生锈。

修眉刀 主要用来刮除多余杂乱的眉毛，塑造满意的眉形，操作简单方便，使用前后擦拭干净即可，刀片要保持干燥以防止生锈。需要强调的是，因修眉刀属于尖锐物品，使用时小心不要划伤，且为了避免疾病的传染，最好专人专用，并定期消毒。

化妆误区面面观

美妆可美又可养

为了迎合大众的需求，越来越多的底妆或彩妆产品开始添加保湿、滋养的成分，打出护肤、美妆一次完成的旗号，于是有的美妆达人们索性省略护肤，直接用美妆产品二合一了。这里要告诫大家，养颜这事绝对不能跳过护肤品！大家都知道，护肤品和美妆用品不同，护肤的途径是"吸收"，美妆的途径是"贴合"，护肤品的有效成分被皮肤吸收地越多越好，但美妆产品只是妆于皮肤上，而不是让皮肤吸收，针对其主要作用，产品中添加保湿、滋养的成分能有多少？能被吸收的又有多少？就更谈不上效果了。所以，美妆是美，护肤是养，美妆产品是不能代替护肤产品的。

看不见的"妆"不用卸

日常工作、生活中，很多人是习惯使用防晒、隔离或粉底的，但她们平时仅使用洗面奶、洗脸皂等清洁产品来洁面，只有将面颊、眉、眼、唇上了色彩后才会用专门的卸妆产品去卸妆。正是由于"看得见的彩妆才需要卸"这样的误区存在，许多人在无形之中便放跑了裸妆和底妆。

虽然无色或透明的防晒、隔离，接近肤色的粉底、遮瑕类产品，与皮肤分泌的油脂、汗液相融会随着时间的流逝有所脱失，但那只是部分脱失，且其中某些防水、防晒的成分，依然附着在我们的皮肤上。因此，不能因为裸妆或底妆，看似几乎没有残留，就忽略卸妆，否则时间久了还是会阻塞毛孔，引发粉刺、毛囊炎等各种皮肤问题。

卸妆无需再洁面

严格来讲，卸妆和清洁是两个步骤，虽然市面上有一些标注"卸妆洁面一步走"的卸妆产品，但两者的作用还是有所区别。卸妆用品重点融合皮肤上留存的美妆产品，使其更易被去除，但作用部位重在表面，不易深入；洁面产品主要去除皮肤分泌的油脂、汗液及附着混合的灰尘、污物等，使用时形成丰富细密的泡沫，能较好地清除毛孔中存留的脏东西。可见，卸妆和洁面的侧重点不同，因此建议大家还是卸妆之后再清洁一次，哪怕只是用化妆棉蘸免洗洁面乳将面部擦一遍也行。

一瓶用品卸全脸

很多女性朋友只备一瓶卸妆液，即眼唇部、脸部用同一种卸妆液，这样做可能对眼部和唇部造成伤害。眼睛和唇部是非常敏感的部位，上边的彩妆要用温和的眼唇专用卸妆液卸除才不会造成伤害；用眼唇专用卸妆液卸除全脸的彩妆当然是可以的。如果睫毛膏用的是防水型，那么一定要用含有油脂的眼唇卸妆液，建议用水油分离的眼唇专用卸妆液，既可以卸除防水型彩妆，乳化剂含量又不高。可以摇动液体后观察一下，水油分离的两层会形成微乳状，静置后马上又分为两层，这样的眼唇专用卸妆液质量比较好。

化妆"卫生"被忽视

很多女性忽略了化妆工具的清洁和存放，像粉扑、化妆海绵、化妆刷等化妆工具就是随手一放，而且长久的不清洗、不更换。其实工具和产品一样，都是直接接触我们皮肤的，长时间的使用和暴露，是很容易沾染灰尘、堆积污垢、滋生细菌的。提倡各位用专门的化妆工具包来收纳整理，这样既干净卫生又方便整洁；每使用一段时间后，记得用性质温和的清洁剂来清洗化妆工具并及时通风干燥，只有主人的爱护，才能延长它们的寿命。

唇釉可以不掉色

唇釉是唇部彩妆的新产品，主打就是比唇膏持久性好，原理是：有的唇釉的主要成分是乙基纤维素（ethyl cellulose），可以在表面形成光亮薄膜，固定颜色提升持久度；有的利用聚硅氧烷和相关共聚物等高分子成分在表面形成保护膜，增加黏性减少掉色；还有是否掉色是和颜料有关，同一品牌的同一系列，玫红色系比较容易染色，橘色系、豆沙色、裸色都持久度一般，因为合成染料"曙红"比较持久，其他颜色都是基于它配出来的，相对就没那么持久。明白了以上道理，就不会迷信"不掉色"了。

持久唇膏天天用

哑光和持久的唇膏通常含有各种酒精，当唇膏涂于唇部后酒精蒸发，往往会带走嘴唇的天然水分。所以，虽然现在各种持久型雾面唇膏特别红火，可是嘴唇干燥甚至开裂的女性朋友，还是要以健康为第一位，尽量使用一些滋润型口红。

最后，希望各位爱美人士能合理选择心仪的产品，同时也要掌握正确的化妆常识，这样才能获得健康和美丽的双丰收。

都是化妆惹的祸

爱美之心，人皆有之，无瑕的底妆让人看起来神清气爽；靓丽的彩妆则让我们光彩照人；但与此同时，使用化妆品引起的皮肤疾病也越来越多，如果化妆不当，不仅"有损颜面"，更是危害健康。下面带大家了解几个最常见的与化妆相关的皮肤疾病。

接触性皮炎 / 过敏性皮炎（化妆品选择不当）

化妆品皮炎的类型很多，其中最常见的是由于使用化妆品而导致的接触性皮炎和过敏性皮炎，表现为局部皮肤红肿、灼热、瘙痒或疼痛等不适，可见丘疹、水疱、渗液等皮肤损害。接触性皮炎指某些化妆品中（一般较多见于染发、烫发、脱毛、除臭、祛痣等产品）的某些成分具有刺激性，容易引起大部分人发病，但皮炎表现仅局限于接触部位。过敏性皮炎指患者自身对某些成分过敏，因人而异，各类型、各品牌的化妆品都可能诱发（这跟知名大牌和价格就无关了，全在个人），根据不同程度的过敏性反应，在使用部位或全身出现不同程度的表现。一旦出现，应立即停止使用可能诱发疾病的化妆品，并用温凉的清水清洗接触部位，如果严重不适要及时找皮肤科医生诊治；并避免再次使用（尤其对于皮肤较薄、易过敏的人来说，把你们用过所有自觉不适的化妆品列个黑名单，永久屏蔽）。不过预防更重要，这就需要各位用心了，首先要明确自己的肤质和体质，更换新产品前多了解产品的成分及评价，尽量选择品质有保障又适合自己的；如果看好一种产品，可以考虑去专柜或申请小样试用，第一次可以沾取少量在前臂内侧或耳后皮肤薄嫩处涂抹，如果使用部位皮肤及自身无任何不良反应，再行购买；有的过敏成分可能在产品中含量很少，用一段时间后才会有症状出现，但只要确定是该产品引起的，就要立刻停用，就算短时间后症状全消，也建议不要继续启用了。

唇炎（化妆品选择不当）

广义的唇炎概念较大，包括一切发生在唇部的炎症性疾病，它们当中由于病因、病理和临床表现的不同又分为几种类型，如日光照射引起的光线性唇炎；遗传、外伤等引起的腺性唇炎；致敏物、情绪等引起的剥脱性唇炎等。其中，以剥脱性唇炎与化妆品选用不当的关系最为密切。在使用唇部用品时，其中所含的某些致敏物质会导致唇红缘（即唇部红色黏膜与口周肉色皮肤交界处，也就是我们平时勾画唇线的轮廓处）出现持续性脱屑及干燥不适，尤其易发生于下唇红缘，有时亦会波及上唇，范围大者偶尔扩展至面部。这里，请大家不要将剥脱性唇炎的症状自行想象为平时我们在身体缺水或处于干燥环境中唇部出现的干燥、脱屑甚至开裂的情景，两者表象部分相似，但性质可相差甚远。剥脱性唇炎多先表现为下唇中部干燥皲裂，易出血，表面时有鳞屑或结痂，伴有疼痛，触痛明显；鳞屑脱落后可见鲜红光亮的表面，后又逐渐形成新的鳞屑，反复发作，缠绵难愈，常常数月甚至数年都阴魂不散，不仅对进食、讲话等有一定的影响，而且还让美丽的形象大打折扣。所以，针对剥脱性唇炎，重中之重就是选择质量、安全有保障且成分温和的唇部用品来预防，可以先在唇缘处少量试用，确定自己对该产品无过敏现象或其他不适，再行使用，过敏体质的人则尤其要注意这点。此外，唇部彩妆应及时清除，并后续做好唇部保养工作，如润唇膏、唇膜等。如果已经不幸患了唇部疾病，要立即停止使用所有唇部用品，尽早就医，在医生的指导下积极治疗，同时注意口周、口腔卫生，外出时最好佩戴纯棉透气的口罩或围巾等，减少唇部的风吹日晒，以免刺激加重病情。

痤疮（不良的化妆习惯）

痤疮，就是我们通常所说的"痘痘"，是一种累及毛囊皮脂腺的慢性炎症性皮肤病。以粉刺、红色丘疹、小脓疱甚至暗红结节、囊肿、脓肿等为具体表现，常见于面部，其次为颈部、胸背部，待炎性皮损消退后，常在发病局部遗留色素沉着、肥厚性或萎缩性瘢痕，影响容貌，给广大"痘民"们带来不少烦恼。在这"压力山大"的社会节奏下，不仅是广大青少年群体，连越来越多的中年朋友也被"痘痘"弄得苦不堪言。痤疮的主要病因与内分泌紊乱、皮脂分泌增多、毛囊皮脂腺开口堵塞、痤疮丙酸杆菌感染等有关。此外，饮食、药物、胃肠功能失调、化妆品、不良卫生习惯及某些职业属性也是本病的诱发因素。美妆品和护肤品已经成为大多数青中年女性生活工作的必需品，化妆品虽然在皮肤病专业书籍中只是诱发痤疮的一个小因素，但无论是底妆还是彩妆产品，其成分基本不会被皮肤吸收，如果没有养成良好的化妆习惯，长时间带妆或者卸妆及皮肤清洁不彻底，就很容易引起毛囊皮脂腺开口的堵塞，引起痤疮的发生。强烈建议大家带妆时间不宜过长，而且卸妆清洁要彻底（详细参见第2章），同时做好妆前、妆后的基础护肤。对于油性皮肤来说，除了养成良好的化妆习惯外，尤其应避开油膏类化妆品。抗痘大战任重而道远,治疗交给医生,习惯可是要靠自己养成的。

　　此外,眼部上妆、卸妆不当,用具不清洁导致细菌滋生,可能会造成眼部感染性疾病,如结膜炎、睑缘炎;使用含有光敏性物质的化妆品容易在暴晒时出现皮肤炎症反应,如日光性皮炎、光线性唇炎等;某些化妆品使用一段时间后可能导致局部色素沉着,如黄褐斑;某些色素、香料等人工合成的化学物质可能引起皮肤瘙痒等。因此,请大家对化妆这件事情一定要有足够的重视!

8

盈盈秀发更妖娆

秀发三千是烦恼

对于女人来讲，除相貌外，最注重头发的修饰。传说汉武帝第一次见到卫子夫，就是被她的秀发吸引住了，"上见其美发，遂纳于宫中。"陈后主的宠妃张丽华也是以美发出名的。汉明帝的马皇后初入宫时，便是以一头绝好的秀发使后宫粉黛一一失色。

香香洗发

古代女子传统的洗发用品很丰富，《诗经·卫风·伯兮》："自伯之东，首如飞蓬。岂无膏沐，谁适为容？"是说情郎离去后，女子乱发如蓬，其实是无心美发啊！被称作"膏"的产品，可能是最早的油脂之类制作的洗发液。在中国的南方，至今还保留有使用茶油洗发的传统，茶油是从茶油果中提炼的油脂，类似现代的植物类洗发产品，同时具有养发的功效。有的地方，女子用木槿的叶子搓出汁来洗发，是和茶油类似的洗发养发产品。

美美护发

女子除了面上的妆容外，还在发鬓上涂抹头油，一则使头发散发迷人芬芳，二则固定发丝、保持发型的完好，三则可以滋润养发，其作用之重要，丝毫不亚于香粉和胭脂。头油的最初制作方法是将土产天然香料如兰草等放入油内浸润，使香精浸入油中；后又得到改进，加入其他香料药物等，用油煎熬，使香精成分浸出更为充分，功效更加显著。

头油的功效，相当于我们常用的护发素、定型水、啫喱水、发用香水等，但使用起来可是造成了很多麻烦。头油多涂一些，头发就容易粘在一起；如果不慎沾到脸上，对面妆则有一些破坏；沾在肩颈部，就会污染衣领。为了避免这种尴尬，还有一种专门的"云肩"（《闲情偶记》"云肩以护衣领，不使沾油"），披在外衣上，避免对衣物的污染。

除了头油之外，还有一种刨花水，是一般老百姓经常使用的，制作方法很简单，用榆树的树枝刨切成薄片，在热水里浸出浓浓的胶汁，类似于今天的发胶，涂在头发上可使头发光润、发式固定。

对头发稀少的，古代也有很多种专门的方剂。《太平圣惠方》记载的一种长发润泽方，用生麻油五两，浸以干桑葚、栀子花、酸石榴花等，加以捣碎的生铁，然后用来梳头，据说很有效。

日本古代的护发油以无臭味的胡桃油为最上等的原料，胡麻油稍差些，此外还有山茶油。日本江户后期，人们将这些植物与香料混合在一起，制出了梅香及橄榄香型的护发品。日本人还利用爬墙虎的黏液作养发剂，日本《古事记》记载，将爬墙虎的根捣过后，利用其分泌出的滑汁涂抹头发，可以美发。

对于头发的清洁和养护，古今中外都是非常重要的事情，也是体现女性美的重要方面。运用各种可得到的材料，包括油脂、花类、香料等，制成各种成品，得以流传至今，现代的各种洗发护发用品，也是基于以上的传承和延续，是女性朋友们保持盈盈秀发的必备利器。

洗发配方需知晓

洗发香波以表面活性剂为主要组分，具有丰富的泡沫、温和的去污效果和优良的干湿梳理性。以清洁护发为目的的个人清洗用品包括：珠光洗发香波、透明洗发香波、调理洗发香波及其他功能性洗发香波等。洗发香波配方成分包括主表面活性剂、辅表面活性剂、调理剂、黏度稳定剂、添加剂、防腐剂和香精等。其综合使用效果评价主要与上述各类原料的选用有直接关联。

主表面活性剂 目前洗发香波中活性物主要是阴离子表面活性剂，它们起泡去污能力好，常见的有月桂醇硫酸铵、月桂醇醚硫酸铵和月桂醇硫酸钠。

辅表面活性剂 常用的是椰油酰胺丙基甜菜碱，它是一种两性表面活性剂，主要起增加和稳定泡沫的作用，还能降低由主表面活性剂带来的对眼睛的刺激性。

调理剂 乳化硅油能给头发提供滑爽、光亮和修护的调理效果，阳离子聚季胺盐能给头发提供抗静电、与乳化硅油共同作用，改善头发的湿梳理和干梳理的性质。

富脂剂 在洗发的过程中使一部分油脂类物质吸附

在头发上，有保湿、护发的作用。如聚氧乙烯羊毛脂类衍生物、脂肪酸甘油酯类衍生物等。

增稠剂 这类物质主要是通过各自的作用过程达到增加洗发香波的黏度，来稳定整个体系。添加这类物质较易调节室温下洗发香波的黏度，但在低温（5℃）条件下洗发香波可能出现很高的黏度，而在高温 （45℃）条件下洗发香波可能出现较低的黏度。

降黏剂 这类物质主要是通过各自的作用过程使原来黏度高洗发香波的黏度降低，来达到较好的使用效果，常用的有二甲苯磺酸钠（SXS）或二甲苯磺酸胺。

黏度稳定剂 添加这类物质可使洗发香波的黏度避免出现高温 时黏度很低，低温时黏度很高的常见问题。天然胶类：最常用的有汉生胶，它增稠明显且稠度变化受温度改变的影响较小。脂肪酸甘油酯聚氧乙烯醚类黏度稳定剂：它高温增稠明显且稠度变化受温度改变的影响较，低温时黏度适中，使洗发香波易流动方便使用。

功能性添加剂

①去屑剂：目前在大多数洗发香波中，主要使用的是 ZPT、Octopirox 和甘宝素，它们去屑作用主要表现为有较强的杀菌和抑菌的能力，同时也能抗皮脂溢出。上述去屑剂在生产使用时对生产设备提出较高的要求，易出现洗发露膏体变色或黏度变化很大的现象。

②防脱发剂：主要是在洗发过程中减少脱发的数量和程度，并可促进头皮毛细血管中血液循环。

③清凉剂：尤其用在夏季使用的清凉型洗发香波中，

给头皮提供一种清凉怡人的感觉 。

酸碱度控制 用来调节最终产品的 pH 值，以适应皮肤的 pH 值。最常用的是柠檬酸。

色 素 用来调节最终产品的色泽 ，增加和满足产品的使用要求 。

防腐剂 是保证所生产的洗发香波质量的一个重要因素，它使洗发香波在保质期内质量稳定，微生物不超过国家标准。在使用量上应注意不是加得越多越好，在达到有效控制微生物的情况下，使用量应尽可能少，以减少对头皮的刺激作用。最常用的有卡松 。

香 精 根据市场调查和各地消费者喜爱需求，以及洗发香波销售对象（目标消费群）的不同，选出适宜的香型。

硅 油 具有高的表面活性，优良的消泡、抗泡性和良好的成膜性，容易形成极薄的膜。护发硅油具有适度的挥发性，能在头发上形成细腻、均匀的硅油保护层，使头发易于梳理，防止分叉和打结，赋予头发滑润、亮泽、流畅和飘洒的效果。沉积在头发上的硅油越多，头发的缠结现象就越少，梳理性就越好，头发越柔软、顺滑，也就是说香波的调理性能随着硅油沉积量的增加而更优越。因此硅油在头发上吸附量的大小决定了头发的丝滑感和梳理性。

洗护用品晒一晒

头发的清洗和护理，是日常生活不可缺少的部分，在拥有美丽的脸庞的同时，也要用秀发为美丽加分。

香波　香波是外来语"Shampoo"的译音，是 20 世纪 30 年代以后，随着表面活性剂工业的发展，利用合成洗涤剂替代以脂肪酸皂类为基料的一种洗发用品。它可以克服此前皂类洗发用品的两大缺点：一是皂类产品遇水会发生水解而呈碱性，碱性过高会破坏毛发的链状结构，使毛鳞片破损和卷翘，头发失去原有强度，导致头发膨胀、干燥或断裂等，甚至出现脱发，同时皂类洗涤剂脱脂力过强，头发表面因过度脱脂而失去光泽，头皮也会因此受到刺激和损伤；二是皂类遇水中的钙镁离子会生成不溶于水的黏稠絮状的钙镁皂（皂垢），沉淀后黏附在头发上，很难冲洗干净，使头发发黏、发脆和难梳理，并失去自然光泽。随着各种性能优良的表面活性剂在香波中的应用，使香波的抗硬水性和温和性等有了较大提高，逐渐取代了皂类洗发产品。香波分为单纯洗发和洗护合一两种类型。单纯洗发功效的香波由洗涤剂提供去污和洗涤作用，辅助洗涤剂可以增强去污力、稳定泡沫、改善洗涤性能，增稠剂、光亮剂、去屑止痒剂、滋润剂、防腐剂、香精和色素等添加剂可满足香波的特殊需要并赋予香波多种不同的功效，使香波的作用不断细化，包括具有特殊作用的香波，染发香波、生发香波，添加不同物质的香波去屑止痒香波、防晒香波、植物香波以及针对不同发质（干性、中性和油性发质）的各种专用调理香波，儿童香波等等。洗护合一的香波主要由于含有硅油成分，而使头发呈现光亮和顺滑不易打结的状态。

洗发皂 尽管目前洗发用品市场上香波一枝独秀，但是也能看到洗发皂的踪影，特别是一些欧洲的品牌，保留了"古老"的洗发皂产品。如果能够正确使用洗发皂，就能有效避免上述出现皂垢的烦恼。洗发皂的正确用法：①先用软水洗发，这样可维持洗发皂的洗净力，并避免酸引起多余的脂肪酸。②洗发时使用适量洗发皂，并且尽量先让皂起泡，使用泡沫洗发，减少皂垢的产生。③冲洗时要使用软水，因为软水中不含钙离子，所以冲水时不会形成皂垢，同时也比较容易将头发上的皂冲洗干净。④烫染后的头发表面大多有损伤，因此不建议使用洗发皂，而要使用具有保湿滋润功效的香波，并且加用护发素，定期做修护发膜。

护发素 一般认为，头发带有负电荷。用香波（主要是阴离子表面活性剂）洗发后，会使头发带有更多的负电荷，从而产生静电，致使梳理不便。使用了护发素，其中的主要成分阳离子季铵盐可以中和残留在头发表面带阴离子的分子，并留下一层均匀的单分子膜，使头发柔软、光泽、易于梳理、抗静电，并使头发的机械损伤和化学烫、电烫、染发剂所带来的损伤受到一定程度的修复。护发素的正确用法：①在使用护发素之前，先用毛巾吸干头发上的水，因为头发表面水太多时，护发素不能有效被吸收。②在涂抹护发素时应抹在头发中部或发梢，而不是发根部，并且用梳子轻轻梳理头发，使护发素均匀平滑地分布于头发表面。③五分钟后，将头发彻底冲洗干净。

发膜　发膜，是一种滋润头发的营养霜，就像是女性使用的晚霜，是一个深层养护头发的过程，发膜中含有的是营养物质和水分，它们会透过头发上的毛鳞片进入发丝中，帮助修复纤维组织，帮助头发恢复活力。发膜的使用方法：①洗净头发，用毛巾按压至八成干，不要使用护发素，直接将发膜涂在头发上，要保证每一束都有发膜；②带上浴帽，当然最好包上保鲜膜，或者用电热帽稍稍加热一下，会让头发的毛鳞片吸收发膜的营养更加完全；③大约十分钟后，用清水洗掉发膜。

木梳　木梳就是用木材制作的发梳，是人们生活中必不可少的一样生活工具，随着人们对健康的认识，越来越多的人开始关注木梳。以黄杨木为材质的黄杨木梳自古是制梳首选，据《中药大辞典》记载黄杨木"性平，味苦，无毒"，"功能主治：祛风除湿，理气止痛"。《本草纲目·百病主治药》记载，黄杨"捣涂疖子"。现代医学发现，其内含黄杨碱，黄杨的水提取物和醇提取物均具有抗菌活性，故而成梳后止痒去屑效果较好。黄杨木还会分泌一种油，用它梳头能滋润头发、乌黑光泽。枣木梳木质坚硬细密，纹理美观，色泽柔和自然，使用时可按摩脑部，促进脑部血液循环，乌发，止痒，醒神健脑。《本草纲目》中有枣木心"能通经脉"、枣木根"令发易长"的记载。经常梳头，可改善发根血液循环，促进经脉气血疏通，提高头部神经兴奋性，从而起到耳聪目明、醒脑提神、坚固发根、润黑发色等养生保健作用。

美发产品不可少

发油和发蜡 是市场上较早出现的重油型护发产品,主要成分为动植物油脂、矿物油及蜡,这些油脂和腊可以保持头发光亮润滑,补充头发油分,适用于干性及烫发、热风处理的受损发质,但它们油分较多,易粘灰尘,容易污染衣物。

发乳 为水包油或油包水型乳剂,它的护发原理是当部分水分蒸发或被头发吸收后,乳化体受到破坏,油脂和营养成分扭盖于发梢上,补充头发营养,维持水分的平衡,避免头发枯燥和断裂。采用这一原理护发的还有免洗护发素等等。这类产品的优点是较好地补充了头发的养分,使头发亮泽、柔软、润滑,易于梳理,易于洗净,不污染衣物,适用于中性、干性、缺乏光泽、易缠结的发质,一般用时只在发尾抹上少许,涂抹均匀即可,定型发乳、免吹定型素除具有普通发乳的特点外,兼有定型作用,但用它来固定发型,定型力弱,且不易涂抹均匀。

定型啫哩 是外观透明,像果冻一样的胶状体,它不含油脂,含有一定量的定型、保湿成分、营养成分和大量的树脂型增稠剂，与发乳相比不油腻，比较清爽，但同样不易涂抹均匀。目前已有低黏度的啫喱水，也称喷雾啫喱，它降低了增稠剂的用量，用泵式喷头将啫喱水喷洒在头发上，比较均匀，可以使头发湿润、亮泽，易于梳理，但稍显厚重，缺乏活力。

弹力素 是啫喱和发乳的合生物，是给卷发保持造型使用，而不像发蜡、发胶，使用弹力素时头发可免洗，可当护发品。每天可打理在烫过的头发上保持卷型，以免卷发还型。用来修复和护理卷发的膏状物，有定型的效果。使用最佳的时间在刚洗完头，头发不滴水时；平时使用时需在头发上用喷头喷点水，使头发周围都湿湿的，把弹力素在手上抹均，然后在头发上任何造型就可以了。任何一种弹力素都有一个磨合期，使用几次之后你才会知道要使用的量和怎么摆型它才能达到最好的效果。

摩丝 摩丝是一种独特的美发定型产品，泡沫剂型具有乳剂、水剂、喷雾剂所不可比拟的优越性，它具有温柔的触感，表面积可以膨胀得很大，涂抹非常均匀，使用时可随心所欲，任意梳理成你所喜爱的发型，且设计有不同定型力的产品供你选择，用后增强头发质感，补充头发水分和营养加有防晒剂的摩丝还可以保护头发免受紫外线的损坏。另外，摩丝配方中可以避免使用酒精，长期使用不伤发质，可防止灰尘附着，不污染衣物，也容易清洗。

发胶 喷雾发胶是常见的美发产品，它喷出的薄雾均匀地搜盖在头发表面，经溶剂蒸发干燥而形成一层薄膜，使用方便，发型保持持久，定型力强。但它的缺点也不容忽视，首先它属于压力容器，属易燃易爆品，不能将其带入火车飞机，不能接近明火，不能长时间放在阳光直射的地方。所以使用和保存时都要非常小心，以免引起爆炸。喷发胶的另一个缺点就是配方中含有大量的酒精，作为溶剂来溶解发胶中的各种组分，调整发胶浓度，并可通过调整与抛射剂的比例而控制喷雾状态，但过多的酒精易使头发脱水、脱脂，变得干燥、无光泽，易断裂。

护发可以加点料

目前市场上销售的洗护产品可谓琳琅满目，各种品牌，各种系列，成套产品数不胜数。使用也很方便，但是用过一段时间就会发现，没有开始使用时那么好用了，原因就是里面加了大量的化学添加剂，例如增稠剂、乳化剂、防腐剂等等。那么有没有天然的洗护产品可以使用呢？下面我就给大家介绍几种方便的天然用品。

米醋水 米醋本身是酸性的，可以改变头皮的酸碱度，可有效软化头皮角质层，促进头皮的新陈代谢，此外还能有效抑制致病细菌繁殖。所以在纯净水里加点醋是不错的保健方法，尤其是有油性头皮的女性朋友，醋水能有效抑制皮脂的生成。正确的使用方法是：在一盆纯净水里滴5滴米醋，搅匀后撩洗头发及头皮，然后再用清水洗净。长期使用米醋水洗发护发，可使头发拥有弹性和自然的光泽。但干性发质和烫染的头发不适合用米醋水护理头发。

椰子油 椰子油当中富含游离脂肪酸，亚油酸，棕榈酸、油酸、月桂酸等油类成分，还有天然抗氧化的 β-胡萝卜素以及多种丰富的维生素 A、C 等多种营养成分。所以椰子不论是作为水果还是护肤护发，都可以给我们提供很好的营养。使用方法：将3到5汤匙的冷藏椰子油（固态）放入可在微波炉里融化，或用隔热水融化。将液态的椰子油从发根到发尾涂抹在头发上，直到头发完全被椰子油浸湿。将头发堆积到头顶然后用浴帽或保鲜膜将头发完全包裹住，然后戴上可加热的头套，过半小时将头发用清水洗净即可。提醒大家，质量优良的椰子油需要冷藏保存，呈白色，这也是鉴别真假椰子油的方法。

杏仁油 由于杏仁有南杏（甜杏仁）、北杏（苦杏仁）之别，故尚有甜杏仁油。杏仁油富含蛋白质、不饱和脂肪酸、维生素、无机盐、膳食纤维及人体所需的微量元素，具有润肺、健胃、补充体力的作用，其苦杏仁贰更是天然的抗癌活性物质。护发多使用甜杏仁油。使用方法：先把头发洗干净，擦干吹干后慢慢一层一层地涂杏仁油，然后轻缓按摩五分钟，用热毛巾（不能拧太干，太湿了也不行）包好头发后，带上浴帽，用电热帽加热15分钟，待电热帽慢慢降温到常温后，将头发清洗干净即可。

橄榄油 橄榄油为黄绿色不干性油，常温下为液态，具有香气味道。橄榄油主要含有饱和脂肪酸、不饱和脂肪酸、亚油酸、亚麻油酸、角鲨烯及维生素E、维生素K和胡萝卜素等，与人体表皮的脂质结构很相似，因此极易被人体吸收。使用方法：①晚上睡觉之前，在手心上滴2滴橄榄油，轻轻揉搓在发尾最干枯的地方，就可以在夜间修复受损的秀发。②洗发后用毛巾将湿发擦至半干的时候，将橄榄油和蜂蜜等量搅拌均匀后涂在头发上，轻轻按摩1分钟，然后将头发盘在头顶，包上毛巾，一小时之后用清水洗净即可。这个方法最适合受损发质。

秀发还要靠内养

我国的传统中医学认为，毛发的生长与五脏六腑功能都有关。"发为血之余"，"肾主骨髓，其华在发"。毛发生长的营养和动力直接来源于肾精和肝血，间接来源于脾胃运化的水谷精微，并且依赖于"心主血脉"、"肺朝百脉"的功能，将这些营养物质运输到全身。精神紧张、烦恼悲观、忧愁动怒、睡眠不足、过度劳累，都有可能导致脱发、须发早白、斑秃等头发异常现象的发生。平时饮食要多样化，克服和纠正偏食的不良习惯，经常吃红枣、桑葚、核桃仁、黑芝麻、豆制品、蛋、奶、瘦肉等，有利于毛发生长。下面介绍几款养发护发的饮食，大家可以针对情况，选择食用。

侧柏桑葚膏

原料：侧柏叶 50 克，桑葚 200 克，蜂蜜 50 克。

做法：先用水煎煮侧柏叶 20 分钟后去渣，再加入桑葚，文火煎煮 20 分钟后去渣，加蜂蜜成膏。每次 1 勺，开水冲服，每日两次。

功效：侧柏叶有凉血清热的作用，桑葚滋阴补血，适用于斑秃、脂溢性脱发、须发早白，伴口干、便秘。

杞圆膏

原料：枸杞子300克，桂圆肉200克，冰糖适量。

做法：先将前两味加水浸泡1～2小时，加热煎熬30分钟，取药汁；加水再煎，反复三次。然后合并药液，始用大火，后再用小火加热煎熬浓缩，至较黏稠时，加入已融化的冰糖，熬至滴水成珠为度，待冷却后贮藏于干净瓶中。每次服一汤匙，开水冲服，每日两次，连服15～20天。

功效：枸杞子滋补肝肾之阴，桂圆肉益气养血，本品适用于斑秃、脂溢性脱发气血两虚、肝肾不足者。

仙人粥

原料：制首乌15克，红枣10枚，粳米60克，红糖适量。

做法：将制首乌放置于砂锅内，加适量水煎煮30分钟，滤渣取汁，再将洗净的粳米、红枣同药汁煮粥，待粥将熟时，放入红糖调味，食用。早晚空腹食用，连服20天。

功效：制首乌是养发护发的要药，红枣养血，粳米补益气血，三品合用，达到养血生发的功效，适用于各类脱发、须发早白、斑秃等。

何首乌蛋汤

原料：制首乌30克，鸡蛋两个。

方法：制首乌与鸡蛋加水共煮，至鸡蛋熟，将鸡蛋去壳后再煮15分钟，吃蛋喝汤。每周服1～2次。

功效：制首乌益气血，乌发养发，鸡蛋补充蛋白质、胆固醇、卵磷脂等构成头发的重要组成元素，共同起到滋养润发的作用，适用于平时养发润发。

美发误区面面观

盈盈秀发的护理，不是一朝一夕的事情，不仅需要好的方法，还要避免坏的习惯，有时候奉为"金科玉律"的洗发护发方法，恰恰是伤害秀发的元凶呢。

每天洗发是最佳 人们关于洗头频率的争论点在于是否可以一天一洗，其实这取决于发质以及个人喜好，油性发质、每日出汗和喜欢发丝清爽的人可以一天一洗。但是干性发质的人最好还是隔一天一洗。其次，每次洗头的间隔时间最好不要超过3天，否则油脂会堵塞头皮毛孔，不利于头皮健康。

清晨洗发最健康 有的女性朋友觉得清晨洗发能够让白天头发看起来清爽，容易造型，但是长期清晨洗发是有害的，因为副交感神经作用，末梢血液循环最活跃的时间是在晚上10点到凌晨2点，也是让头发生长的毛母细胞新陈代谢最旺盛的时候。随着细胞增殖，头发会在早上3点到10点期间生长，此时毛孔呈现松弛状态，如果在此期间洗头，洗发精成分很有可能会阻塞毛孔，而造成脱发。我国传统医学也认为清晨是阳气升发的时候，水为阴性，这时洗头发的话，阴气会阻碍阳气的升发，久而久之就会导致阴阳失和，产生脱发。

晚上洗头，不但可以把白天所吸附的灰尘病菌洗掉，而且用了护发产品之后头发吸收了营养，夜里睡觉的时候正好营养可以慢慢被头发全部吸收掉，所以说晚上洗头是最好的。

头发滴水就护发 洗发程序完成后，就是护发了，需要使用护发素或发膜。这时一定要先把头发擦至不滴水的程度，因为如果头发含有较多水分，会稀释护发素或发膜的浓度，而且护发过程中容易滴落护理液，造成不必要的损失，因此建议在护发前一定将头发擦至不滴水为度，让护发产品最大程度地发挥作用。

硅油都是有害物 洗发护发产品中的"硅油"是指有机硅表面活性剂，大致分为四类，非离子型、阳离子型、阴离子型、两性型，是聚硅氧烷的多种盐类，在产品中充当乳化剂的角色，特点是性质温和，容易和多种成分配伍，对皮肤无刺激性，并能够使头发产生光泽，提高干湿形态梳理性能，并且轻盈、保湿、防飞散，也就是我们所说的优质顺滑感和抗静电功效。不可否认的是，长期使用会在头皮上日益沉积，往往会带来头痒、油腻、头屑和头皮刺激等问题。建议和不含硅油的洗护产品交替使用，在享受顺滑感受的同时，有效避免可能的副作用。

不含硅油的洗发水就是"无硅油洗发水" 单纯地在配方中去掉硅油，这不过是 20 世纪 70 年代添加硅油洗发水的翻版，带来的是调理性能的下降，是技术的倒退，因此它们并不是真正的无硅油洗发水。真正的无硅油洗发水是用氨基酸系列温和表面活性剂和无患子皂苷、茶皂素等天然表面活性剂替代硅油的调理剂和有效护理头皮的成分组成，也就是说，无硅油洗护产品应该性能温和，使用后容易清洗，使头发顺滑的效果等同于含硅油产品，并且还要具有护理头皮的功能。

头发不怕太阳晒 强烈的日晒会使头发失去水分，变得干燥毛糙。紫外线长期照射会使头发易分叉和断裂。而光合作用会使头发的蛋白质减少，如枯草般失去弹性和光泽。另外，染后的头发只要在烈日下晒上一天，发色就会减掉四成，令发色明显变黄。

头发要防晒，首先要尽量少受阳光曝晒，上午 10 点到午后 3 点是紫外线最强的时间，尽量不要在这时长时间在户外活动。外出时需打阳伞或戴太阳帽，也可以选择一条丝巾系在头上，既时尚又能抵挡紫外线伤；也可以使用面部防晒喷雾，用的时候应该像使用香水一样，将喷雾喷在空中再走过去，让喷雾均匀轻柔地覆盖在发丝上。在选择防晒喷雾时，应该尝试更加轻柔的质地和配方，比如婴儿配方的防晒喷雾，这样发丝才不会变得油腻厚重。

如果头发已经被强烈曝晒过后，一定要立即用护发产品进行急救护理，建议随身携带护发滋养水，每隔2~4小时使用一次。

最后，请大家记住，头发的美丽是养出来的，养是"保养"的养，也是"养成好习惯"的养！祝大家拥有美丽的秀发！

9

护肤化妆碎碎念

不离不弃防腐剂

　　　　　　　　　常有人问我"防
　　　　　　腐剂是化学品，肯定对人
　　　　　的皮肤有害吧？"，"不含防腐
　　　　剂的护肤品和化妆品真的存在吗？"，
　　　"使用不含防腐剂的产品是不是最佳选择？"关
于防腐与防腐剂，真的有许多话要和大家说。

　　污染不可避免 护肤化妆品必须要防腐，因为微生物
的滋生，从而影响产品的保存期，使用期间会因为污染而
变质。污染的过程包括两个方面，一是来自于原料、水质、
制造环境、包装填充设备、产品容器、现场操作人员等作
业流程的污染，二是在产品储存、运输过程和使用过程中
造成的污染。

　　防腐势在必行 为了有效防止腐败现象的发生，就额
外必须使用一种产品，这就是防腐剂。美国药品和食品管
理局（FDA）对化妆品中的微生物要求是"化妆品不需要
无菌，但它不能被致病微生物污染，非致病微生物应该控
制在很低的水平。化妆品在使用过程中也需要符合这个要
求。"在化妆品中添加防腐剂是保护产品，使之免受微生
物污染，延长产品货架寿命，确保产品安全性的重要手段。

理想防腐剂是在达到防腐效果的条件下表现出最小的皮肤刺激性及致敏性，即需要综合考虑防腐效果和安全性，既要避免因为过度防腐带来的安全隐患，又要避免基于成本和安全性考虑的防腐不足带来的产品腐败问题。

经常使用的防腐剂

①苯氧乙醇自 20 世纪 50 年代开始用于化妆品防腐剂，有很长的安全使用历史。对细菌、霉菌和酵母菌均有效，常与其他防腐剂或防腐增效剂共同使用。

②尼泊金酯类对真菌有良好的杀灭作用，在配方中一般会与杀细菌剂协同使用。

③甲醛释放体类主要包括咪唑烷基脲，重氮咪唑烷基脲，季铵盐 -15 和羟甲基甘氨酸钠。对革兰氏阳性菌和阴性菌均有效，可以和杀真菌剂合并使用达到广谱杀菌作用。但因为释放甲醛引起消费者的担忧，使得化妆品生产商在选择此类防腐剂时表现谨慎。

④甲基氯异噻唑啉酮（CMIT）和甲基异噻唑啉酮的混合物（MIT），按一定比例配成，俗称卡松，目前广泛用于洗去型化妆品的防腐保护。

⑤碘丙炔醇丁基氨甲酸酯（IPBC）是中国化妆品规范(2007版)中可以使用的为数不多的杀真菌剂之一，对霉菌和酵母菌效果优秀，在配方中通常与杀细菌剂配伍使用达到广谱的防腐效果。

防腐替代方案 很多"无防腐"添加配方使用了具有

一定防腐功效的产品，但他们并没有列在防腐剂名录中。

①多元醇素如1，2-戊二醇和1，2-己二醇，通常以保湿剂和助渗透剂的名义加入护肤品中，添加量在5%左右，就具有明显的防腐效果。

②植物提取物，包括大蒜、生姜、花椒、植物香精油、茶叶提取物作为防腐剂来使用，与传统的化学防腐剂相比，这类天然防腐剂物质来源广泛，加工低廉，因此国内外研究者纷纷从不同植物中得到一些抑菌物质，国外已经有开发应用于化妆品中。

科学存放护肤品

一般护肤化妆品在保质期限内不容易变质，但若保存或使用不当，也有加速化妆品变质的可能。那么应从下面几方面加以注意，妥善保存护肤化妆品。

防热、防冻 存放护肤化妆品的地方，只要是阴凉的地方就可以，温度过高会使护肤化妆品的乳化体遭到破坏，再加上都会使得产品更容易变质。过低则容易发生冻裂现象，解冻后更容易变质。

防晒、防潮 日光直射产品，容易使油脂和香料产生氧化并破坏色素，蛋白质容易和阳光中的紫外线发生化学反应而降低效果。高湿度容易滋生细菌、真菌，导致发霉、变质。因此，护肤化妆品应放在阴凉通风处。

防污染 化妆品应放在清洁卫生的地方，不用时盖子要拧紧，使用时要用清洁的手指或挖棒来取用，减少细菌污染。如果是较长时间不使用，则需要先用浓度为75%的酒精擦拭瓶口及瓶盖，旋紧瓶盖后，再放回原包装盒，存于阴凉处，不需存放在冰箱里。经过这样的处理，可减少残留在瓶盖瓶口的部分污染物，可以使护肤品不会很快变质。海绵粉扑在收藏前应先洗净，待干透后再放入粉盒内。

两个"保质期" 我们通常所说的"普通保质期"，是指产品在未开封、未经使用、妥善存放的情况下的保存期限。所谓"开瓶后保质期"，是指当你打开瓶子的密封条后，这罐产品还可以保证多久不变质。当"开瓶保质期"与"普通保质期"发生矛盾时，以先到期的日期为准。这个情况一般会发生在当你开瓶时，已经临近"普通保质期"了，比如：你在 2017 年 1 月 1 日把一个面霜启封，面霜的"开瓶保质期"是 6 个月（也就是到 2017 年 7 月），但这瓶面霜出厂的时间比较久了，"普通保质期"只到 2017 年 4 月，那就以先到期的"普通保质期"为准，也就是说 2017 年 4 月后就不要再使用这瓶面霜了。

适量分装 有的产品是广口瓶包装，用的时候建议另外备一个小瓶，先取出大约一周的量，剩下的部分就拧紧瓶盖妥善存放。小瓶里的量用完后再去大瓶里取，至少可以避免每天大瓶开瓶时接触空气和细菌。

包装也要讲科学

一般化妆品就其外部形态来看，多数呈现为液体、乳液或膏状，不具备鲜明的外观。要表现出其产品特性和品牌特色，必须通过精美、独特的包装设计，进而最终实现促进销售。从消费者的角度来讲，包装设计主要是以产品保质保鲜为最主要的出发点，不同成分、不同形态的产品通过不同的包装形式，最大限度地使产品减少变质损坏，保持产品的有效性，从而保证使用的效果，还要考虑产品每次的取用量，是否方便携带等问题。

包装形态

①广口瓶　是最传统也是最常见的包装形态，优点是包装价格低廉，产品一目了然，取用方便，当然缺点就是使产品接触外界较多，容易变质，不适宜包装有太多活性成分的产品。

②压泵瓶　可以说是使产品处于半密封状态的包装，使用时积压出一定量的产品，优点是相对广口瓶卫生条件有所改善，缺点是每次泵出的产品量一致，对于产品用量不同的个体来讲有时感觉不够方便，还有对产品的质地有

要求，太过黏稠的产品到了底部就不容易泵出，容易造成浪费。

　　③塑料管状　是比较流行的软管包装形态，缺点是挤出以后因为塑料管身的弹性又恢复了形状，被挤出的护肤品的空间就被空气取代了。所以为了抵御可能随空气进入的细菌，产品里的防腐剂还是不能少的。现在有一种特殊的软管包装叫做Device Exclusive Formula Integrity（DEFI），重新设计了管口，简单说就是只出不进。在挤出面霜之后，外界的空气（氧气、细菌、真菌）不会跑进软管里，能保持包装内部的无菌环境，有利于产品的防腐保鲜。

　　④胶囊　外观形式新颖，对消费者颇具吸引力及新奇感，携带安全，使用方便。另外，不同的胶囊造型还可以表达不同的主题，可成为馈赠亲友的别致礼品。化妆品胶囊包装精巧，内容物设计为一次用量，消费者每次使用一粒胶囊即可，从而避免了可能出现的二次污染，保证消费者每次使用的产品都是洁净的。化妆品胶囊由于不存在二次污染，产品中不加或少加防腐剂，从而使产品的安全性大大提高。

　　⑤高压容器　有些发泡类的护肤化妆品压缩于高压瓶中，使用时挤压慕斯喷头，产品以泡沫慕斯的形式出现，触感细腻，涂抹顺滑，方便使用。缺点是高压容器属易燃易爆品，不能将其带入火车飞机，不能接近明火，不能长时间放在阳光直射的地方，所以使用和保存时都要非常小心，以免引起爆炸。

⑥笔状容器　属于半封闭容器，容积较小，常见于局部使用的产品，如遮瑕笔、祛痘笔、唇彩笔等等，每次可取用少量产品，且方便随身携带。

⑦金属滚珠　属于笔状容器的附带，滚珠位于笔的顶端，随着滚珠的滚动，产品出现于滚珠表面，方便使用。因为金属的易传导性和室温（20～25摄氏度）平衡快，接触到肌肤（32摄氏度）时带来清凉冰镇的触感，起到镇静舒缓的作用。一般用于使用量较小的产品，如眼胶，局部使用的抗痘产品等。

包装材料

①玻璃　玻璃是传统的包装材料，常用于霜膏、乳液等容量较小的产品。其具有的特点是：化学稳定性好，无毒无味，卫生清洁，对包装物无任何不良影响，阻隔性好。比如美白、营养系列化妆品，含有大量营养成分，但它们极易被氧化。这就对包装物的密封性提出了很高的要求，玻璃瓶的阻隔性强，能提供良好的保质条件，易于密封，开封后可再度紧封。透明性好，内装物清晰可见。玻璃的刚性好，抗压强度大、耐内压，成型加工性好，可加工成多种形态。另外玻璃瓶的温度耐受性好，可高温杀菌，也可低温储藏，原料丰富，且不易变形。但与此同时，玻璃瓶的耐冲击性较差，重量大，易碎，灌装成本高，运输费用高，成型加工较复杂，对环境污染严重，印刷性能差。这些不足限制了玻璃瓶的应用。

②塑料　品种繁多，功能各异。优点是比重小，

方便储运，便于携带使用，坚固，阻透性、密封性好，透明度高而且容易生产。塑料材料加工性能好，容易着色，可塑性强，化学稳定性好，毒性弱，卫生安全。价格较低，适于大规模生产。各种标识、说明书、标签、条形码可以直接喷墨或印刷在塑料材料上，而且不会脱落。

为了增加塑料瓶的装饰效果，除了进行瓶体印刷之外，还可以在生产时加入着色材料进行着色处理，制成各种颜色的瓶子，可以突出产品的特点，促进销售。塑料包装容器的缺点有：易带静电，表面容易污染，丢弃物会造成环境污染，回收处理较困难等。现在有先进的技术在生产塑料容器的原料中添加一定比例的纳米材料，可改善塑料容器的化学性能，尤其是阻隔性、耐化学品的侵蚀性及抗紫外线等性能有了较大的提高，容器的韧性也得到了加强，同时可降低一定的成本，产品具有竞争性。

包装颜色

①无色透明　是最常见的包装颜色，优点是产品一目了然，缺点是容易受紫外线的照射造成产品氧化变质。国外开发了一种叫 UVA Flint（UVA 指 Utral-violet absorption 的缩写，即吸收紫外线之意）的无色透明玻璃，很好地解决了普通玻璃不能防紫外线的难题，其原理主要是通过在玻璃中加入能吸收紫外线的金属氧化物，同时添加某些金属或其氧化物，利用颜色互补显影使玻璃褪色。这些特殊玻璃容器的兴起使得玻璃容器在化妆品包装中的比重有所增加。

②深棕色　光线里的紫外线尤其会破坏某些活性成分，使之失效。深棕色的包装会起到一定的抗氧化和避光作用，延长产品的保鲜期，不至于使活性成分过早失效而导致产品失效。

皮肤敏感怎么办

有些女性朋友的皮肤动不动就发红发痒，怕吃辣的，怕晒太阳，因为这些行为都会加重面部的不适症状。这就是皮肤敏感的典型表现，但这种敏感并不是先天就有的，而是后天形成的。

敏感的原因 有内在和外在原因两类。

①内在原因 就是饮食、睡眠、情绪导致的皮肤抵抗力减弱，例如生活在干燥地区，却经常吃辛辣食物，环境干燥，加上辛辣食物就会使机体处于干燥缺水状态，对外界的过敏原抵抗力就会下降；睡眠不好或晚睡晚起生活不规律会导致身体的抵抗力下降，皮肤的抵抗力也会随之下降；长期压力大，经常处于紧张、焦虑状态，也会对肌肤的抵抗力有损害。还有，女性由于雌孕激素的作用，在生理期前也是处于皮肤状态最不好的阶段，也是容易发生皮肤过敏的时期。

②外在因素 就是指所处环境的影响，例如季节变换的时候，立秋之后，皮肤会感觉不如夏季时润泽，秋风一吹就会发干，有时还会发痒脱屑，很是难受；还有皮肤护

理不当，使用过于刺激的护肤品，如美白、抗皱类，或者过于油腻不适合自己肌肤的产品，都会使皮肤发生敏感。

基于上述观点，皮肤过敏是会经常发生的。既然不可避免，那么如何应对就是非常重要的一件事情。

敏感皮肤护理　对于敏感皮肤来讲，护理就是两件事：保湿和舒缓。保湿在前边的章节已经介绍得非常详细了，敏感皮肤的保湿主要是选择安全的保湿成分，确保皮肤不会发生刺激反应；还要介绍舒缓的内容，就是针对发生敏感后的肌肤，如何使发红发痒的肌肤镇静下来，减轻症状，安全度过敏感时期。

安全的成分

①乳木果油　是从非洲乳木果中提炼所得的浅黄色半固体油脂，远在古埃及时代就有文献记载商团往返于沙漠贩运昂贵的乳木果油做美容用途，非洲土著用乳木果油给初生婴儿做按摩以保护肌肤免受非洲炎热气候的伤害。其主要成分为甘油三酯、亚油酸和不可皂化物，其中最有价值的就是不可皂化物部分，经研究发现含有多种萜烯类成分及甾醇，还有一些胶乳物质具有抗紫外线的功能，如果在配方中使用10%的乳木果油，可以使产品的SPF值增加20%，此外，乳木果油还具有强大的保湿、抗衰老、修复皮肤损伤、防止光老化的功效，被化学家和药物学家称为"植物油中的翡翠"。

②尿囊素　曾经被称为"抗刺激剂"，可见其对抗刺激的作用非同一般。它能够减轻多种刺激成分对皮肤

产生的刺激反应，消除皮肤发红、粗糙等过敏现象，同时作用于角质蛋白，增加皮肤的水合能力，使皮肤屏障趋于正常。除此之外，尿囊素还能清理坏死组织，刺激新生细胞增生促进表皮层生成，从而达到修复皮肤及嫩肤的作用，对皮肤的各种损伤具有良好的安抚和修复功效。

③甘草酸盐　甘草酸盐是通过抑制变态反应的炎症因子来实现抗炎作用，水溶性的甘草酸及甘草次酸盐有温和的消炎作用，一般添加在日晒后护理产品中，用来消除强烈日晒后皮肤上的细微炎症，还能抑制毛细血管通透性。

④甜没药醇　具有抗菌性，同时可以有效抑制紫外线造成的炎症反应，现在被越来越广泛地运用在护肤品中，发挥舒缓功效，预防过敏产生，改善过敏症状，非常适合痘痘敏感肌肤使用。

⑤植物萃取　金盏花的精油很难取得，价格相当昂贵，一般常以整个花朵浸泡在植物油中制成金盏花浸泡油，在芳香疗法中应用广泛。金盏花浸泡油对皮肤有很好的滋润抗炎及促进细胞再生作用，治疗皮肤创伤的疗效很好，在治疗干裂皮肤暴露在低温或冷水中造成的冻伤以及尿布皮炎和擦伤都有独特的疗效。

洋甘菊生长于德国、罗马和摩洛哥，埃及的古籍中称它是"月亮之花"，因为它的清凉效果可治疗热病，并且有镇定、舒缓和抗过敏作用。洋甘菊的抗敏成分主要为蓝香烟油，其具有非常好的抗敏作用，可以改善血管破裂现象，有效修复血管，恢复与增强血管弹性，改善肌肤对冷热刺激的敏感度，为肌肤提供天然的保护屏障，舒缓肌肤及有效修护肌肤，通常做成花水或加入护肤品中发挥功效。

痘痘肌肤如何护

痘痘是毛囊皮脂腺的炎症，脸上长痘痘，不仅是青春期少男少女的噩梦，也是无数成年女性的烦恼。

致痘因素

①饮食　是主要因素之一，南方的辛辣饮食，本来是为了抵御南方的寒湿气候，现在的北方也能吃到被当成没有地理限制的美味，自然会造成皮肤损害；甜食甜饮料适当食用并无大碍，但是无节制地进食和饮用，就会导致皮脂分泌增多，面部水油不平衡，滋生本不该有的痘痘；油炸食物更是如此，很多快餐都是以油炸的烹饪方式为主，久而久之也会造成肌肤油脂分泌增多，滋生痘痘。

②护肤成分　真正容易引起痘痘的，其实是那些会对毛囊产生刺激的成分，比如一些强表面活性剂 SLS、某些乳化剂，某些藻类萃取等等。还有各种油脂，如椰子油、棕榈油、可可油、杏仁油等。适当的皮肤护理，保持面部肌肤的水油平衡，也是战胜痘痘的法宝。产生了痘痘的肌肤，多多少少也会有敏感的情况发生，因此，除了控油、祛痘的功能护理之外，无油的保湿和舒缓的基础护理更是重中

之重，所有的产品都是要以安全不刺激为选用标准。

控油成分

①北美金缕梅　市场上常见的含有金缕梅成分的护肤品，其原料是北美金缕梅，而不是中国产的金缕梅，二者是完全不同的植物。北美金缕梅被称为"大自然的美肤精灵"，生长在天然冰山雪水下，零污染，垂直分布在海拔 600~1600 米，能在 -15℃气温下能露地生长，主要功效是控油和舒缓，能够减少皮肤油脂分泌，收敛粗大毛孔，预防黑头、粉刺的产生；舒缓炎症肌肤，使肌肤恢复镇定保持代谢平衡。

②硫磺　是比较经典的控油抗痘成分，功效是杀菌、软化角质和控油，缺点是容易刺激皮肤产生干燥脱皮的情况，浓度越高药效越强，但是刺激性也就越大，需要根据自身情况选择合适的产品。

祛痘成分

①茶树精油　茶树（Melaleuca alternifolia）主要分布在澳大利亚和新西兰，茶树精油是从茶树的叶子提取的精油，主要功效是抗菌消炎，茶树精油对于不严重的初期痘痘还是很有效果的，将茶树精油直接涂抹在痘痘上，一般一到两天的时间，红肿的痘痘就会"干瘪"了。茶树精油一般具有感光性，因此建议在夜间

使用，是比较安全的祛痘成分。

②水杨酸　水杨酸是治疗痘痘的有效成分，一般化妆品的用量要求是 2% 以下，许多品牌的祛痘系列用的就是这个成分。水杨酸可以使角质软化，清除被角质堵塞的毛囊，对黑头粉刺非常有效，还可以清除毛囊壁脱落的角质，预防新病灶的产生。但是在减少皮脂分泌和消灭痤疮棒状杆菌方面不起作用，需要配合其他产品达到最佳效果。

③过氧化苯甲酰　是一种强效抗菌剂，通过释放高活性的氧原子破坏痤疮棒状杆菌的蛋白质，有效抑制痤疮棒状杆菌，减少粉刺的形成。但是本品没有抑制皮脂分泌和促进细胞脱落的作用，需要配合控油和去角质产品一起使用才能达到最佳效果，一般至少使用两周才能见到效果。高浓度的过氧化苯甲酰产品可能会对皮肤产生刺激作用，甚至引发严重的皮炎，因此，使用前应做皮肤敏感试验，如可用，也要从 2.5% 的低浓度用起，待皮肤适应后再更换高浓度产品。

④维甲酸　外用维甲酸可以清除阻塞毛囊口的角化物质，加速细胞更新，改善皮肤油脂分泌，防止角栓堵塞，促进粉刺排出，用于治疗中度至重度痤疮。由于维甲酸具有光敏性，建议夜间用药，且白天需注意防晒。有怀孕要求的女性朋友不建议使用本品。

祛除痘印成分

①薰衣草精油　薰衣草在古罗马时期就已经是广泛使用的香草，因其功效众多而被誉为"香草之后"，薰

衣草精油也被称之为"万金油"或"百搭油"，是芳香疗法中最古老的用途最广泛的精油，是极少数不需与基础油稀释可直接作用于肌肤的精油，它性质温和，适合任何肤质，能促进细胞再生，促进青春痘和小伤口迅速愈合，减少皮肤结缔组织增生，预防和减轻疤痕痘印遗留，调理肌肤到水油平衡的最佳状态。

②积雪草总苷　现代药理研究发现积雪草总苷具有抗炎、促进创面愈合、防止瘢痕过度增生等作用，主要用于治疗各种皮肤损伤，包括外伤疤痕、痤疮印痕等，其机理可能与抑制成纤维细胞生长增殖、影响胶原的合成作用有关。

走出误区

①长了痘痘不能化妆　经常有痤疮病人问这个问题，她们纠结的是化妆会不会加重痤疮？可是不化妆怎么去工作见客户呢？我的建议是，可以化妆，但是要掌握原则和方法。

底妆选择矿物粉或干粉状产品，可以有效避免乳化剂，降低致痘的可能性。也可以选用水包油型的粉底液，并不会加重痤疮。同时，矿物粉类的彩妆品中，通常都会含有二氧化钛和氧化锌，这些都是抗炎、收敛的好成分，对痘皮非常友好，温和不刺激，而且粉类还是首选的防晒品形态。

选择含水杨酸的祛痘遮瑕笔，专门用来遮痘痘，能够起到遮瑕和治疗的双重作用。注意颜色的选择，要适合自己的肤色才好。红色痘疤要用少量绿色遮瑕来遮盖；粉色和白色的，要用自然肤色来遮盖。

上妆时要用按压的手法，这样能更好地贴合皮肤，妆效自然，并减少脱妆。回家后要立即卸妆，减少带妆时间，卸妆时选用温和的洁肤液，并用温和的洁面乳洗净面部，再行后续护肤步骤。

②祛痘祛印并驾齐驱　这也是门诊病人经常提出的要求，为了缩短病程，尽快恢复正常，祛痘祛印的方法同时使用。但是结果往往是痘痘加重，痘印也加重了。因为祛印产品不可避免地会用到痘痘上，其中的成分可能会加重痘痘的炎症，而消痘又会产生痘印，因此两个方面都会加重。建议先祛痘后祛印，其实在皮肤状态好的情况下，只要不长痘，痘印会很快自然消退。

药妆类型护肤品

近年来，药妆品牌升温迅速，越来越多的人开始关注药妆，喜爱药妆产品。但药妆到底是什么，究竟能给肌肤带来什么样的改变？不同的人可能有不同的理解。

药妆的概念

①药妆（cosmeceuticals）由化妆品（cosmetic）和药物（pharmaceutical）组合而成，美容皮肤科的创始人之一 Albert Kligman 在 1970 年将药妆定义为：同时具有化妆品特点和某些药物性能的一类新产品，处于化妆品和皮肤科外用药间。

②国内较为统一的定义是：所谓药妆品是指以天然功效活性成分为原料的疗效型化妆品。

药妆的特征

①配方成分完全公开，所有有效成分及安全性须经医学文献和皮肤科临床测试证明，且不含公认的致敏原。

②配方精简，不含色素、香精、防腐剂及化学源表面活性剂。

③有效成分的含量较高，针对性强，较常规化妆品功

效更明确、更显著。

④按 GMP 制药规范生产。

可见，药妆品不仅与普通化妆品（批号为"卫妆准"）不同，与特殊用途化妆品（批号"卫妆特"）也有明显区别，其中"安全性和经临床测试证明的更明确和显著的功效"是药妆品最重要的特征。

药妆的功效

①清洁：一般无皂基，不呈碱性，温和无刺激，也含表面活性剂以及抗敏成分。

②保湿：较普通保湿剂添加皮肤屏障修复成分达到恢复皮肤屏障的作用。

③抗炎、抗敏：可缓解皮肤刺激反应，抑制细菌活性。

④控油、祛痘：含有清洁皮肤表面过多皮脂的表面活性剂，达到抑制皮脂分泌的效果，具有良好的角质溶解作用。

⑤美白、淡斑：含有抑制或干扰黑色素合成、转运的活性成分。

⑥抗皱：含有细胞生长调节剂或抗氧化成分，减少皱纹产生，减速皮肤老化，抗氧化成分被视为皮肤老化的主要治疗成分。

⑦防晒：防晒成分较一般防晒剂不含色素、香料、致敏防腐剂，使用安全性更高。

各国药妆擅长领域

①欧洲药妆：无刺激并有抗敏功效，其成分中多含"活泉水"或"温泉水"，达到舒缓肌肤及镇定效果，更适用

于敏感肌肤。

②日系药妆：着重美白，其成分中多含玻尿酸、薏仁、豆乳精华等美白嫩肤的元素，更适用于有美白需求的敏感肌。

③美系药妆：直击问题肌，注重高效和高速效果的双重高科技路线，更适用于多种问题敏感肌。

④韩系药妆：天然多功能，应用古代秘方、宫廷技法等处理草本植物，甚至将蛇毒、蜗牛原液等新原材料添入药妆中，更适用于需求较高的基本肌肤护理的敏感肌。

⑤台系药妆：着重保湿，大部分产品添加高浓度玻尿酸，或多重玻尿酸复合液，达到高效保湿作用，更适合干燥缺水的敏感肌。

⑥我国大陆本土药妆：还处于起步阶段，由于我国没有药妆品的批准文号及相应的生产标准，相关的政策也不到位，国内日化企业生产的所谓药妆产品一直在没有官方身份的灰色地带尴尬发展。

把药品和化妆品联系在一起的药妆，使生命和美丽紧紧融合在一起，使人们的生活品质得到真正意义上的提高。药妆品的概念代表着化妆品的发展方向，药妆的开发是今后化妆品的发展方向；应深入研究中草药，开发中草药型药妆品，使传统中医药文化真正造福全人类。

有机类型护肤品

有机护肤品的概念

皮肤是人们身体最大的器官，大量护肤研究表明，化学合成及转基因成分、生化制剂及激素成分对健康都可能是有害的，如果皮肤吸收的营养来自天然有机植物，则最能够避免皮肤受到伤害和过敏性反应，唤醒肌肤自身天成的修护和代谢功能，保持肌肤的自然健康和最佳的平衡状态，这就是有机护肤品的创意和根本所在。

有机护肤品的认证

到目前为止，国际上关于有机护肤品的标准尚未统一，即使在美国 USDA（美国农业部）、欧盟 ECOCERT、英国 UKROFS 等世界知名的有机认证机构之间，标准也不尽相同。国际上最有名的也是认证范围最广的有机护肤品认证机构是法国的 ECOCERT，目前 ECOCERT 与欧洲其他几个机构联合成立 COSMOS，即为欧洲有机化妆品认证机构和统一标准，其次是美国的 USDA NOP 认证，目前二者占据全球 98% 以上的有机护肤品和化妆品认证市场。

有机护肤品的特征

①总成分中 95% 是天然来源，不低于 10% 是有机天然来源；

②植物成分中，有机成分比例不得少于 95%；

③禁止使用石油化学品成分（矿物油、石蜡等）；

④禁止使用病疫源动物原料（如油脂和蛋白等）；

⑤禁止使用的有合成色素、香精、硅化物、乙氧基化表面活性剂和乙二醇等物质；

⑥不用苯甲酸酯类和甲醛类等防腐剂；

⑦不用可能产生毒素（重金属、转基因、农药、放射物质、农残和亚硝酸盐等）的成分；

⑧不做动物实验；

⑨皮肤酸碱平衡和敏感、刺激安全性测试通过。

各国有机护肤品的特点

①法国：原料多来自天然香料和植物，产品性质温和，质地细腻柔滑，香氛愉悦，旨在通过舒适感觉，增进身心健康，达到内在平衡。

②美国：推崇自然成分，例如草药、植物、精油、海盐、矿物土壤等，标识规范，口碑良好，注重环保包装,有的甚至印刷油墨都提炼自大豆。

③澳洲：目前澳大利亚的有机认证的土地面积是全世界最大的，出产的有机护肤品主打私家有机种植园，从天然原料的本土栽培开始，并与芳香疗法完美结合，呈现优质产品。

④英国：原料出自本地，态度严谨，产品线简单，注重效果。

⑤德国：是有机护肤品品牌最多，产品线最丰富的国家，价格无论是亲民还是高端，效果都是非常棒，充分反映德国人严谨的工作作风。

有调查研究显示，目前消费者开始青睐购买有机护肤化妆品，一些消费者可能因为对普通护肤化妆品使用较为敏感，或因为皮肤自身条件等，对有机护肤化妆品的需求更广，有机护肤化妆品有非常好的发展前景。希望有更多的有机护肤品给广大女性朋友带来福音。

护肤面油添魅力

一些植物油或精油从几千年前就被人类用于护肤美容护发养发，一直到今天都是护肤护发用品的主打成分，那么世界上都有哪些传奇的油类让我们心向往之？下面让我为大家一一道来。

亚洲马油

马油是将高寒地区肥马的鬃毛、尾巴根部、腹部主要是马颈部的脂肪的混合物，经过热蒸、溶解、挤汁、过滤，去掉杂质，再进行冷萃精炼提纯，做成马脂原油，再利用蒸气洗药的方法精制，而成为现代马油。

马油在我国的应用已经有 4000 多年的历史了，源自中国古代中药药方，我国著名医师陶弘景《名医别录》就已提及马油可促生毛发。在中国古籍《本草纲目》和《黄帝内经》中，对于马油的功效有专门记载，李时珍文中所述：马油可以预防冻伤、雀斑、手脚冻裂等皮肤疾病，对神经痛、肌肉痛及半身不遂而引起的颜面麻痹也很有效果。

马油的主要成分为不饱和脂肪酸，还含有维生素 E 和维生素 A 等有效成分，以及 EPA 和 DHA 成分，与皮肤的亲和力极佳，会很快被皮肤所吸收，能快速吸收渗透到皮下组织，有效促进血液循环，加速新陈代谢。这是一般饱和脂肪酸和其他动物脂肪酸无法具有的特征。尤其是亚油酸在光或臭氧以及紫外线的作用下，能够生成壬二酸，有效清除自由基、抑制酪胺酸酶对黑色素的形成，能够促进皮肤细胞的再生能力。

马油的主要生产国是日本，而且以北海道马油为最佳。日本有专利是将曲酸与马油混合，发现马油能更好地促进曲酸的透皮吸收率，且马油能让曲酸更好地发挥抑制酪氨酸酶的作用。还有一个日本专利描述了一个将马油作为必需的乳化组合，能有效促进其他成分的吸收，滋养皮肤，抗衰老，增加皮肤的弹性，防止过敏性皮炎与抗过敏的作用。国内有专利是马油与蛇油组合，用于治疗冻疮。

欧洲橄榄油

橄榄油是世界上最天然的食用油。简单地说，新鲜的橄榄榨得果汁，再去除水分就是"橄榄油"。在世界植物油贸易中，初榨橄榄油价格最高，为其他食用植物油的3～5倍。由于橄榄油对人类健康和美丽的贡献，常被人们称作"液体黄金""美女之油"。

在人类还没有文字记载以前，人们就开始采收橄榄果实并食用橄榄油，至今已有6000年以上历史。据记载，橄榄油用于美容护肤已有2000多年的历史，古埃及绝世美人——凯撒大帝的爱妃克丽奥佩特拉，用橄榄油擦脸、擦发、擦身，使其肌肤细腻、光泽而富有弹性，头发乌黑而发亮，天生丽质，驻颜有术。橄榄油含有的抗氧化剂，能防止衰老，并能延年益寿。对女性来说，橄榄油中所含丰富的不饱和脂肪酸和维生素 A、D、E、K 等及酚类抗氧化物质，能消除面部皱纹，防止肌肤衰老，护肤护发和防治手足皲裂等。

欧洲薰衣草精油

薰衣草精油也被称之为"万金油"或"百搭油"，是芳香疗法中最古老的用途最广泛的精油，原产于地中海，现已遍布世界各地，但品质最佳的产地为法国普罗旺斯的山区。薰衣草精油是疗效种类最多的精油，温和不含毒性的特质，使得它成为从婴儿至老年人皆适宜的精油，常用于舒缓压力、头痛及失眠。

传说女神赫拉除了拥有仅次于宙斯的权力，还拥有高贵的气度和细致的肤质，让她更加具有王者风范，这种气度要归功于薰衣草。她经过长期的观察发现用薰衣草拧碎涂到身上，再到清澈的河水旁清洗干净，如此循环，就会感到精神焕发，这就是薰衣草的提高睡眠质量的功效。她不但将薰衣草用作沐浴之用，还做成了香包放在身上，逐渐发现自己身体有了变化，皮肤变得光泽白皙，精神也好了许多，就连性情也变得温和了。

薰衣草精油可以清热解毒，清洁皮肤，控制油分，祛斑美白，祛皱嫩肤，祛除眼袋黑眼圈，促进细胞再生，促进青春痘和小伤口迅速愈合，抑制皮肤结缔组织增生，预防疤痕痘印遗留，并调理肌肤到水油平衡的最佳状态。

乳木果油是从西非乳油木的果肉中提取的一种天然

油脂，具有悠久的历史。在非洲热带雨林，乳油木的生命周期长达300年，传说被神奇的力量守护，可以避凶驱邪，当地禁止任意采集乳油木的果实，只能收集坠落于地面的核果，而且只有女性才可以靠近乳油木。

乳木果油外观呈淡黄色油脂，常温下为软固体，涂抹于皮肤时，易在皮肤上融化，延展性好，并会在皮肤表面留下一层薄薄的保护膜，使皮肤感觉相当的柔软滋润。由于乳木果油含三甘油酯高达80%，因此具有良好的护肤作用；乳木果油内的不可皂化物含三萜烯醇和肉桂酸酯达6%，它能防止皮肤受紫外线照射而产生红斑红疹，是一种温和的天然植物防晒剂，添加到防晒霜及晒后修复霜，可提高防晒品的防晒效果和晒后修复霜的修复能力。

乳木果油具有良好的皮肤渗透功能，能够促进皮肤角质层细胞的再水合，同时能在肌肤表层形成防护膜，防止皮肤水分挥发，从而对皮肤具有强效的保湿作用，乳木果油本身就是一种天然的润肤剂，同时有去死皮、防止皮肤衰老的作用，因而乳木果油又是美白霜、营养抗衰老霜的良好添加剂。

非洲阿甘油

阿甘树又称摩洛哥铁树，也叫坚果树，能长成10米之高，据说生命周期能达到125～450年。阿甘树果实的果核榨取的油脂称阿甘油，被称为"黄金液体美人油"，仅产于摩洛哥南部地区，它是摩洛哥三宝之一。阿甘油的生产过程非常复杂，工序繁多，全部是以人工加工为主。阿甘油是冷榨油，因此低温时会有结晶，这是正常现象。

阿甘油富含的甾醇能够帮助皮肤恢复屏障功能，软化皮肤，加强保湿功效；含有的多酚等成分能提高皮肤的新陈代谢，对抗自由基，延缓皮肤衰老的进程。清洁皮肤后，涂用爽肤水呈现半干状态时，滴一滴阿甘油在手心，以双手搓擦至温热，拍打的形式按压全脸至吸收，然后使用面霜即可。

　　阿甘油更多的用途是作为头发护理油，优点是不油腻，能阻止头发卷曲和乱发，抑制头发分叉和掉发；修复受损发质，恢复头发的水分和光泽；保护头发不受紫外线等环境污染。

美洲荷荷巴油

　　荷荷巴是一种墨西哥原生的植物，有"神奇的灌木"之称，虽然目前全球都有栽种，但是还是以美墨交界处的沙漠地形最适合它的生长，品质也最优良。从荷荷巴种子中取油的方法有许多种，最顶级的萃取法取其初榨油（VirginOil），也就是第一道冷压榨取，保留荷荷巴油最珍贵的原始物质，也因为取出的油呈漂亮的金黄色，故又称之为金黄荷荷巴。4000多年前印第安人就用于护肤护发和食品，在欧洲、美国、日本等国已使用了很多年，非常安全有效，日本化妆品对荷荷芭油简直到了痴迷的程度。

　　荷荷芭油的化学分子排列和人类的皮脂非常类似，极容易于被皮肤类化和吸收。严格说来它属于蜡质质地而非液体质地，只要遇冷就会凝结，但是一接触皮肤，就能立刻融化并被皮肤吸收。和甜杏仁及葡萄籽油类相比最大的不同就是它不含有甘油三酸酯，这种东西如果分解了，油脂就会酸败。而荷荷巴油不含有这种组分，所以寿命比油脂类长很多。

荷荷巴油香味很淡，即使单用，也是功效良好的芳香疗法用油，所以一直被专业芳香师作为最佳的脸部用油。它的滋润和保湿效果非常好，可增加皮肤水分，预防皱纹和老化，亦可柔软头发以及按摩头皮，可帮助头发生长及护发，但由于它价格较高，所以用于护养脸部皮肤最为最常见。

用于护肤和护发的油类，不仅适用于干性皮肤，油性皮肤也可以使用，但无论哪种皮肤使用，都要注意适量的问题。个人觉得面油就是个万能的调配用品，比如说对于混合性皮肤来讲，某种面霜T区使用正好，但是两颊却不够滋润，这时在两颊使用面油就是正好；换季的时候，皮肤感觉保湿度不够，这时加用一步面油，保湿度立即提升。其实面油还有很多用法，只要用心体会，就能把自己的皮肤护理好。

精打细算买买买

护肤化妆品是消耗品，总是在不断使用，不断购买补充，在财力有限的情况下，如何实现效益最大化呢？

不一定要成套买 护肤品导购总是成套推荐产品，但脸是自己的，尺寸多大自己清楚，能用多少产品自己清楚，需要什么功效的产品自己清楚，相信自己的智慧，用心体会肤感，没有人比自己更了解自己。

年龄职业决定需求 如果是 27 岁以下的年轻女性，大可不必买昂贵的去皱眼霜和面霜，这个年龄段需要的只是好好保湿；27 岁以上的中青年女性，根据职业需要及个人喜好，在最需要花钱的地方一定要舍得花钱，比如说时常熬夜的女性一定备一款抗皱去黑眼圈的眼霜，在遮瑕品的选择上好好下工夫；面部沉暗的则需买一款功效卓著的美白精华，搭配保湿的基础护理，一定会取得满意的效果。

护肤品看性价比 前边的内容提到了护肤成分、配方等等，产品的质量和价格、使用的肤感，决定了我们是否购买，高价产品不一定适合自己，买自己最需要的东西，不攀比，不跟风，做一个聪明的消费者。

化妆品要买贵的 化妆品的价格是原料和工艺决定的，而且用的是否大牌，使用感和妆效是骗不了人的。建议女性朋友在自己的荷包允许的情况下，尽量给自己买最贵的化妆品，你会感受到其中的奥妙。

粉类和快速消耗品可以囤货 每到年中及圣诞的打折季，总是要趁着打折给自己多囤些合适的护肤化妆品，但是又有保质期的问题，究竟该怎么办呢？对于快速消耗品如洗面奶、卸妆产品、化妆水、护手霜、散粉、粉饼等，可以适当囤货，因为快速消耗品用得速度快，几乎可以肯定在保质期内用完（不管是普通保质期还是开瓶后保质期），粉类产品本身保质期就长，而且需要量也大，比如说梳妆台上放散粉，化妆包里放粉饼，可能还有遮瑕和透明两种规格，护手霜更是需要多地点放置以便取用等等。

必须现买现用的 有些活性成分多的产品，保质期本来就短，建议现用现买。比如说美白精华，里面的成分如维生素C及衍生物容易氧化降低功效，因此是买越新鲜的产品越好；再比如一些抗氧化精华和晚霜，由于是油基配方，开瓶后油类容易遇空气氧化变质，产生难为的气味，建议买新鲜出厂的产品，注意存放在阴凉干燥处，用时再开瓶，并且尽快用完。

参考文献

［1］护肤品全解码——100 款超人气护肤品成分大检阅.Kenji，Alex T 著 . 北京：人民邮电出版社，2015.

［2］美容大王和化学家 . 美羊羊，竖条纹大叔编著 . 合肥：安徽美术出版社，2015.

［3］美妆检验权威徐教授才敢说的真相：揭开 100 项热销美妆保养品成效真面目 . 徐照程著 . 台北：三采文化出版事业有限公司，2012.

［4］彩妆天王 Kevin 裸妆圣经 Kenvin 著 . 南宁：广西科学技术出版社，2009.

［5］我就是化妆品达人 . 张丽卿著 . 南宁：广西科学技术出版社，2008.

［6］贵妃的红汗 . 孟晖著 . 南京：南京大学出版社，2011.